国际时尚设计丛书·服装

服装流行趋势预测

Fashion Trend Forecasting

[英]格温妮丝·霍兰德　[英]雷·琼斯　**著**

赵春华　钱婧曦　周易军　**译**

郭平建　**审校**

中国纺织出版社有限公司

内 容 提 要

流行趋势预测是时尚的灵魂与希望。因为时尚的周期性，趋势预测成为时尚产品生命延续的核心要素。时尚潮流兼容过去、现代与未来，将设计、艺术和时代精神有机整合，建构时尚潮流的认知与认同。

本书深入浅出、图文并茂、案例丰富，从理论和实践多个维度解析服装流行趋势预测，对设计师、时尚品牌运营者和传播者颇具启发性。

原书英文名：Fashion Trend Forecasting

原书作者名：Gwyneth Holland, Rae Jones

图书在版编目（CIP）数据

服装流行趋势预测／（英）格温妮丝·霍兰德，（英）雷·琼斯著；赵春华，钱婧曦，周易军译. --北京：中国纺织出版社有限公司，2021.1

（国际时尚设计丛书. 服装）

书名原文：Fashion Trend Forecasting

ISBN 978-7-5180-8039-7

Ⅰ.①服… Ⅱ.①格… ②雷… ③赵… ④钱… ⑤周… Ⅲ.①服装－流行－趋势－研究 Ⅳ.①TS941.12

中国版本图书馆CIP数据核字（2020）第203639号

责任编辑：孙成成　　特约编辑：籍　博

责任校对：江思飞　　责任印制：王艳丽

中国纺织出版社有限公司出版发行

地址：北京市朝阳区百子湾东里A407号楼　邮政编码：100124

销售电话：010—67004422　传真：010—87155801

http: //www.c-textilep. com

中国纺织出版社天猫旗舰店

官方微博http://weibo.com/2119887771

北京利丰雅高长城印刷有限公司印刷　各地新华书店经销

2021年1月第1版第1次印刷

开本：787×1092　1/16　印张：10

字数：211千字　定价：88.00元

凡购本书，如有缺页、倒页、脱页，由本社图书营销中心调换

前言
Preface

时尚行业的趋势预测是一种广泛应用的技术，但人们却知之甚少。趋势预测的目的是描绘消费者当下的行为和穿着，以及未来数月或数年可能的行为和穿着。

时尚趋势预测的存在是为了帮助品牌与零售商预测设计和销售何种产品，从而将经营风险降至最低，以免他们浪费精力和财力。这也是一种让你领先目标消费者一两步的方法；通过了解消费者，为他们提供有用而惊艳的时尚产品，从而获得他们的忠诚度。

在本书中，我们将阐释如何预测时尚趋势。我们将关注怎样通过充分研究发现趋势：撷取灵感、进行研究、获得清晰有效的信息流，并将其转化为潮流趋势。

趋势预测者应能捕捉到主流消费者何时开始接受边缘文化，并由此指明未来的设计方向。预测者必须持之以恒地观察时代精神的变化、其对消费者可能产生的影响以及受此影响消费者将需要何种产品。

我们的目标是引导从业者通过不断探寻时代精神，来训练直觉并形成观念，从而寻找灵感并转变为产品的途径。很重要的一点是，预测与先见不同，在展望未来时很难做到精确无误，但是创建的任何趋势预测都应有助于塑造设计、产品开发和品牌形象的未来方向。

现在，无论是采购、销售、运营还是产品企划、设计和营销，在时尚和生活方式的各个领域，捕捉趋势的能力都必不可少。

在本书中，我们将指导人们通过技能与实践来构建趋势预测的能力，甚至成为一名专业的趋势预测者。我们从不同角度采访趋势行业的专业人士，了解趋势在他们日常生活中的应用。凭借对趋势预测人士的多年观察，并结合行业精英的多年实践与经验，帮助人们掌握趋势预测的艺术和科学。

目录
Contents

◀季节性趋势的面料卡

第一章

时尚趋势的前世今生

本章着眼于过去、现在和未来的趋势。首先，它研究了不同时代的趋势是如何发展的，尤其聚焦于一些关键的影响因素，以及它们的发展和进步。本章总结了趋势产业的发展——从一个世纪前的起源到现在和未来的前景。

时尚趋势已存在多年—— 一些学者将时尚趋势的起始追溯到15世纪。从那以后，它们受到了不同个人和群体的影响，并由技术和政治等外部因素而塑造。

几个世纪以来，统治阶层的更迭推动着服饰风格的进步，如新的王室和政治权力建立的新的风格。在相对和平的时代，时尚可以保持几十年不变。

当代，时尚趋势受专业人士和消费者自身生活方式的影响最大。我们认为美丽、奢华、舒适或创新的东西在很大程度上都受到人们生活方式的影响，并且将影响时尚的创造和穿着方式。如今，得益于可以即时接触全球范围的网络信息，我们比以往任何时候都更容易接触到设计、生活方式和权力的变化，也更容易受到各种各样的影响。这意味着当今潮流可以迅速地改变。

◀1825年，法国时装图样

历史的视角

总有一些引领潮流的人——他们的着装风格新颖别致、引人效仿。在这里，让我们看看不同的角色是如何在他们的穿衣风格和生活方式选择上来引领潮流的吧。纵观历史，影响时尚的主要群体是军队、皇室、名人以及时尚专业人士如设计师和造型师等。在20世纪以前，“潮流”一词并没有被用来指代时尚的变化或某一种特定风格的传播；这些影响者创造的风尚被称为“时尚”或“风格”。在接下来的内容中，我们将详细介绍几个世纪以来这些领域是如何或为什么一直影响着潮流，以及它们将如何继续影响潮流。

军事的影响（Military influence）

军装作为勇敢、爱国、努力工作和履行职责的象征，长期以来一直影响着潮流。军队服装的元素将穿着者与成功的军事战役，或勇猛的征服者联系在一起，经常被用于日常服装中，但也被用于批判不得人心的军事战役。

军队影响时尚趋势的一个例子就是领巾。在1618~1648年的30年战争期间，克罗地亚雇佣兵在法国军队中服役，他们的脖子上系着一条颜色鲜艳的围巾。在接下来的几十年里，这种围巾在法国大受欢迎，成为宫廷服饰和日常服饰的重要组成部分。

以军队为灵感的时尚趋势，常常发展为一种向当权者表达效忠的方式，例如用穗带和纽扣装饰的制服，用来表示支持法国皇帝和将军拿破仑一世。

在战争或武装冲突时期，时尚潮流也采用富有军队元素的设计来表示支持那些战争中的人们，从纳尔逊元素（Nelsoniana）——受到纳尔逊勋爵（Lord Nelson）胜利启发的配饰、家居用品和服装——到“二战”时期平民着装使用的陆军、海军和空军的装饰图案。结果就是促成了英国的实用着装风格，以及美国和其他国家那些受此类似规律影响的风格。这些款式呼应了那个时代军装有力的肩膀和干净的线条，以及海军风格的条纹边饰和水手领。

直到20世纪中叶，英国和德国皇室的孩子们还穿着水手服。水手服将孩子们与战功卓著的国家海军联系在一起，影响了儿童服装设计几十年。作为一种展示强硬、实用或军官气势的服饰，军装的风格不断被调整，以创造新的时尚趋势。

从上至下顺时针方向：
▲音乐家吉米·亨德里克斯（Jimi Hendrix）穿着他标志性的轻骑兵夹克站在舞台上
▲迷彩是一种很受欢迎的军事设计，穿着它意味着强硬甚至叛逆，在这里是由狂街传教士乐队（Manic Street Preachers）的成员穿着
◀水手服是皇室孩子们经常穿的，全国各地的孩子们都争相模仿，这两个孩子是摄于1900年的未来的国王乔治六世（George Ⅵ,）（左）和爱德华八世（Edward Ⅷ,）（右）

从上至下：
❶1575年，伊丽莎白一世全身盛装。始于她宫廷中的时尚会被贵族和其他富有的臣民模仿
❷剑桥公爵夫人的穿衣风格受到媒体和粉丝的密切关注。她穿过的衣服很快就会卖光，如图中戴着的廉价飒拉项链

皇室的影响（Royal influence）

长期以来，统治阶级一直影响着时尚和潮流的传播。几个世纪以来，君主不仅拥有至高无上的权力，而且是社会上最受瞩目的群体之一。在一个没有摄影和大众媒体的时代，人们可能不知道他们的国王、王后或皇帝长什么样，但仅凭他们华丽的服饰就能够认出他们。通过这种方式，君主和皇室家族表达了他们的精英地位，以及与社会其他阶层的差异。

直到18世纪，欧洲、非洲和亚洲的许多时尚潮流都可以追溯到皇室时期。亨利八世（Henry Ⅷ，1491—1547）在他的统治期间被称为"世界最佳着装君主"，他创造的宽松开衩式长袖在欧洲十分盛行。女王伊丽莎白一世（Elizabeth Ⅰ，1533—1603）有着与众不同的外表，无论是贵族还是农民都喜欢模仿她装饰华丽的衣服、白皙的皮肤和赤褐色的卷发。她的礼服为其他女性带来了灵感，她们选择了更夸张的廓型，如宽大的裙子、紧身的胸衣和高耸的领子。

王后玛丽·安托瓦内特（Marie Antoinette，1755—1793）因其放荡不羁而臭名昭著，但她的着装风格对当时的法国宫廷有着巨大的影响。她是非正式时尚杂志（时尚杂志的早期形式）的模特。她让薄纱束腰礼服变得流行，这款礼服被称为女王的衬衫（Chemise à la reine）。她的风格受到了很多人的模仿，她便开始设计越来越奢华的礼服，并培养出更极端的造型（如高耸的发型），以保持领先于潮流。玛丽·安托瓦内特摄政期间时尚潮流的快速更迭，成为当今时尚产业激荡的先兆。

其他的英国君主在他们的统治时期也创造了时尚趋势：维多利亚女王（Victoria）推广了黑色作为丧服的颜色；而爱德华八世期间则流行像威尔士王子（Prince of Wales）般衣冠楚楚的风格，开启了费尔岛（Fair Isle）针织品、帽檐可以翻起的帽子、晚宴外套、温莎结（Windsor Knot）和领子的潮流，当然，还有威尔士王子格纹。

尽管世界各地君主的角色在不断变化，但这些精英人物仍可以对潮流产生影响。英国剑桥公爵夫人［Britain's Duchess of Cambridge，原名凯特·米德尔顿（Kate Middleton）］经常穿着英国的中档品牌和一些设计师品牌——通常是端庄的连衣裙，以及简单、优雅的鞋子——让一些产品更加普及，使得它们几乎在一夜之间就售罄，最明显的例子莫过于2013年12月一款来自飒拉（Zara）的人造钻石装饰项链。

路易十四穿着红色高跟鞋，这种高跟鞋只有贵族才能穿。1701年由亚森特·里戈（Hyacinthe Rigaud）绘制

限奢法（Sumptuary laws）

在过去的几个世纪里，“限奢法”的法规限制了贵族佩戴特定的颜色或材料。这些规定影响了趋势向底层社会传播的方式。

★ 伊丽莎白一世制定了许多限制奢侈的法规，如将穿着貂皮大衣的权利限制在皇室范围内。这些规矩中的很多都被她的继任者詹姆斯一世（James Ⅰ）废除了。

★ 法国的路易十四（Louis ⅩⅣ，1638—1715）规定红色高跟鞋仅限于上流社会。他还规定他的宫廷成员应该穿什么材质的衣服，以及服装的廓型——服饰的限制越严格，等级就越高。

★ 在许多欧洲国家，如英国、俄罗斯、法国、奥地利、普鲁士、波兰和葡萄牙等，只有皇室成员或高级贵族才允许穿金色的衣服。

★ 彼得大帝（Peter the Great，1672—1725）为了加速俄罗斯的西化，制定了17项限制奢侈的法令，禁止在宫廷或家中穿着某些俄罗斯传统服装。在宫廷中，女性则需紧随当时德国、奥地利和法国的风尚。

风格部落（Style tribes）

“风格部落”会影响新款时装的传播和认知。风格部落是一群人以独特的外观组成的团体，他们往往被视为不同于主流。因此，他们可以是鼓舞人心的、离经叛道的、甚至是荒唐可笑的。下面是一些主要的时尚部落，在过去的岁月里，他们有着同样令人吃惊的影响力。

纨绔子弟（Macaronis）

这也许是第一个明确的风格部落，纨绔子弟们穿着异国风格的服饰，他们在18世纪中期声名远扬。他们的服装拥有大量的装饰和鲜艳的色彩，是根据在欧洲文化游学（Grand Tour）中看到的国际流行服装款式而设计的，尽管这些款式受到了不少讥讽，但仍然很有影响力。

花花公子（Dandies）

忠实追随博·布鲁梅尔（Beau Brummell，1778—1840）精致且相对简约风格的人被称为花花公子。虽然这个群体出现在18世纪末和19世纪初，但如今仍可以看到一些男性对领带的精确打结或夹克的精准剪裁感到非常自豪。

避世派（Beatniks）

避世派是由20世纪50年代末和60年代初的一群艺术家、作家和思想家组成的群体，他们的风格表现为男女通用、简单、合身的款式，通常都是黑色的。巴黎的避世派风格启发了伊夫·圣·洛朗（Yves Saint Laurent），让他创立了自己的成衣品牌左岸（Rive Gauche）。

嬉皮士（Hippies）

起初，嬉皮士是一个反主流文化的团体，反对20世纪60年代的美国政治和消费主义，他们通过色彩鲜艳、自由宽松、有图案和装饰的服装来表达自己的信仰。他们的审美持续启发着时装设计师和节日时尚。

朋克（Punks）

叛逆和打破常规的朋克风格也极具创意，朋克重新利用了橡胶和皮革等材料，将它们与历史典故联系在一起，创造出大胆的新发型和化妆风格。朋克在20世纪70年代末和80年代初的鼎盛时期过后的几十年里，一直启发着设计师和街头风格。

顺时针方向：
▲纨绔子弟从他们的欧洲之旅中带回了古怪的风格
▲嬉皮士的形象是由色彩鲜艳的印花图案、简单的面料和服装组成的，这些元素来自世界各地
▲图为1967年在纽约举行的婚礼；刚果布拉柴维尔（Brazzavill）的花花公子，被称为萨佩儿（Sapeurs）
▶20世纪70～80年代的朋克风格是由耳钉、皮革、尖尖的发型和叛逆的性格定义的

从上至下顺时针方向：
◐坎耶·韦斯特（Kanye West）和金·卡戴珊（Kim Kardashian）出席2015年洛杉矶MTV音乐录影带大奖
◐Run-DMC对“我的阿迪达斯”（My Adidas）的投入掀起了一股贝壳头运动鞋的潮流
◐根据琼·克劳馥（Joan Crawford）的电影《莱蒂·林顿》（*Letty Lynton*）仿制的裙子

名人的影响（Celebrity influence）

虽然我们现在可能生活在一个名人文化的世界里，但当名人穿的每一件衣服，佩戴的每一件配饰都受到社交媒体和新闻界的关注与评论时，名人早已成为时尚领袖。如今，由于皇室对服装已经失去了一些影响，名人则成为趋势的关键参考之一。

精英阶层中的成员是第一批影响时尚的名人。德文郡公爵夫人（Duchess of Devonshire）乔治亚娜（Georgiana，1757—1806），在18世纪晚期被称为“时尚女皇”（Empress of Fashion），推动了头上插着高耸的羽毛、束有宽松腰带细布裙的女性流行。在摄政（Regency）时期，当权的威尔士亲王的亲密朋友博·布鲁梅尔因其简约而恰当的着装方式而受到人们的追捧，这种着装方式改变了乔治王朝时期男性的时尚潮流。

长期以来，演员们的戏服和常服一直影响着时尚，从乔治王朝时期的弗朗西斯·艾宾顿（Frances Abington）夫人，到美好时代（Belle Epoque）时期的莎拉·伯恩哈特（Sarah Bernhardt），再到克拉拉·鲍（Clara Bow）和玛琳·迪特里希（Marlene Dietrich）等银幕诱惑。电影明星琼·克劳馥的风格在20世纪20～30年代影响巨大：她在电影《莱蒂·林顿》中穿的一件连衣裙被梅西百货公司仿制，销量超过5万件。从那时起，演员凯瑟琳·赫本（Katharine Hepburn）、奥黛丽·赫本（Audrey Hepburn）、克拉克·盖博（Clark Gable）、碧姬·巴铎（Brigitte Bardot）、史蒂夫·麦奎因（Steve McQueen）、巴姆·格里尔（Pam Grier）、莎拉·杰西卡·帕克（Sarah Jessica Parker）、詹姆斯·迪恩（James Dean）、科洛·塞维尼（Chloë Sevigny）和西耶娜·米勒（Sienna Miller）等，均以不同的方式影响着人们的着装方式。

好莱坞明星并不是唯一影响时尚的群体。印度宝莱坞的明星们长期以来影响着南亚和印度移民的时尚，从20世纪60年代穿着飘逸无领长袖衬衫和紧身长裤的玛杜芭拉（Madhubala），到2007年在电影《忽然遇见你》（*Jab We Met*）中穿着休闲T恤搭配宽松裤的卡琳娜·卡浦尔（Kareena Kapoor），都影响了印度很多年的街头时尚。

音乐家是影响时尚潮流的另一个主要群体，从约瑟芬·贝克（Josephine Baker）的摩登女郎风格（Flapper Style）和弗兰克·辛纳屈（Frank Sinatra）的衣冠楚楚，到20世纪60年代，披头士（Beatles）和吉米·亨德里克斯色彩斑斓的风格。在20世纪70年代，像唐娜·桑默（Donna Summer）这样的迪斯科女王引领了潮流，紧随其后的是在70年代末和80年代的朋克乐队和亚当蚂蚁（Adam Ant）等新浪漫主义（New Romantics），以及嘻哈先锋Run-DMC、颓痞的标志科特·柯本（Kurt Cobain）、古怪的比约克（Björk）和流行女王麦当娜（Madonna），还有一些青年影响者如布兰妮·斯皮尔斯（Britney Spears）、蕾哈娜（Rihanna）、坎耶·韦斯特和许多韩国流行音乐（K-pop）乐队如2NE1和Big Bang等。

从上至下：
▲2015年，韩国乐队Big Bang的两名成员在首尔香奈儿时装秀上亮相
▲在这幅1805年的肖像画中，博·布鲁梅尔以朴素著称，这改变了乔治王朝初期男人的着装方式

◎明星造型师瑞秋・佐伊（Rachel Zoe）与女演员詹姆・金（Jaime King）在《优家画报》（*InStyle*）中合作拍摄

专业人士的影响（Professional influence）

如今，时装设计师、造型师，以及那些为电影、电视中的角色设计戏服的人，对时尚产生影响是很常见的，但在过去的几个世纪中，并不存在这些职业。服装制造者和裁缝会为他们的客户制作实用的、时尚的甚至有影响力的服装，但这些娴熟的创造者通常是匿名的。几十年来，除了时装设计师，其他时尚专业人士也一直在塑造着人们的着装方式。

玛丽・安托瓦内特的设计师兼造型师罗斯・贝尔坦（Rose Bertin）可能是第一个影响整个时尚界的著名专业人士。贝尔坦为王后设计了各种造型，当时的贵族女性都希望贝尔坦能为她们进行仿制，这就意味着玛丽・安托瓦内特会不断地推出一些新颖且与众不同的款式来维持她时尚领袖的地位。从那以后，时尚造型师（Fashion Stylists，帮助时尚品牌和媒体设计整体造型）和名人造型师（Celebrity Stylists，帮助名人决定穿什么）在潮流方面变得更加引人注目且具有影响力。

时尚造型师在时尚穿着上有着重要的影响力，从在秀场中用裤子搭配一件衣服，到在时装拍摄中用设计师款式搭配运动服。时尚杂志的编辑一直以来都影响着趋势，她们在出版物——以及那些著名的杂志中展示当季的主打产品，例如，拥有最广泛影响力的《时尚》（*Vogue*）或《时尚芭莎》（*Harper's Bazaar*），而更新锐的杂志可以为时尚提供新的视野，并且能够影响消费者和其他时尚专业人士。

名人造型师是“名人宝座背后的力量”，他们会为演员、音乐家和其他明星挑选服装，以帮助他们打造出粉丝会欣赏和效仿的造型。阿里安・菲利普斯（Arianne Phillips）与麦当娜合作多年，为她的《冰雪奇缘》（*Frozen*）、《别告诉我》（*Don't Tell Me*）和《好莱坞》（*Hollywood*）巡回演唱会和视频创造了标志性的造型。玛尼·色诺芬（Marni Senofonte）一直致力于把碧昂斯（Beyoncé）从音乐达人变成一个时尚偶像，帮助她的《视觉专辑》（*Visual Albums*）创造出引发热议的造型。明星造型师在颁奖季和瞩目的媒体活动中，对明星形象的塑造至关重要，因此，瑞秋·佐伊和尼克拉·弗米切提（Nicola Formichetti）等造型师在时尚界声名鹊起。

在银幕上，戏服设计师可以影响趋势。早期的好莱坞戏服设计师，如伊迪丝·海德（Edith Head），为电影创造了许多标志性的造型，并被消费者广泛模仿。奥利-凯利（Orry-Kelly）让亨弗莱·鲍嘉（Humphrey Bogart）在《卡萨布兰卡》（*Casablanca*）中穿上一件白色的晚礼服和一件破旧的橡皮布防水衣，让玛丽莲·梦露（Marilyn Monroe）在《热情如火》（*Some Like It Hot*）中穿着性感的连衣裙。最近，桑迪·鲍威尔[Sandy Powell，2015年电影《卡罗尔》（*Carol*）和《灰姑娘》（*Cinderella*）戏服设计]、诺兰·米勒[Nolan Miller，20世纪80年代美国肥皂剧《王朝》（*Dynasty*）戏服设计]、崔西·萨默维尔[Trish Summerville，《饥饿游戏》（*The Hunger Games*）系列戏服设计]、科琳·阿特伍德[Colleen Atwood，《艺伎回忆录》（*Memoirs of a Geisha*）和《芝加哥》（*Chicago*）戏服设计]、帕特丽夏·菲尔德[Patricia Field，《欲望都市》（*Sex and the City*）戏服设计]、珍妮·布莱恩特[Janie Bryant，《广告狂人》（*Mad Men*）戏服设计]和米歇尔·克莱普顿[Michele Clapton，《权力的游戏》（*Game of Thrones*）戏服设计]的戏服造型引领了全球的时尚趋势。

▼热播电视剧《广告狂人》中的戏服影响了男女时尚

社会的影响

不断变化的时装和廓型是我们感知自身与世界方式的一个指标——有关地位、财富、哲学、道德、宗教、政治、艺术、科学、营养、解剖学和性的观念都能影响趋势。三个社会因素——社会地位、人口统计学特征和社会共识，比任何其他因素都更有影响力。

社会地位（Status）

纵观历史，服装代表的意义和服装本身一样多。在不同的文化中，某些面料或廓型可以代表更高的地位或财富（参见“限奢法”，第5页），而且，几个世纪以来，妇女的服装一直被用来展示她们丈夫的财富。在现代时尚中，设计师款式通常作为一种地位的标志，但在明显的身份象征符号中通常都会有一个审美主张，它们可能被视为华而不实或者暴发户，一些更微妙的符号，例如，超细羊绒或限量版运动鞋，会将身份地位展示给那些知情人士。

◆庚斯博罗（Gainsborough）约1765年创作的埃德蒙·莫顿·佩德尔夫人（Mrs Edmund Morton Playdell）肖像

◆几个世纪以来，一个家族的财富都通过女性服饰的华美表现出来；如今，身份可以通过诸如标识之类的可见符号或被称为“隐形财富”的隐藏符号来显示

人口统计学特征（Demographics）

社会中不同群体的年龄、特征和信仰都会影响潮流趋势。这在青年文化中表现得最为明显。战后青少年的崛起创造了新摇滚时尚和新时尚偶像并被不断模仿，这推动了一个重要的、有利可图的青年时尚市场，直到今天仍延绵不衰。不同时代的理想和观点也会影响趋势。例如，那些注重个性、真实性和创造力的千禧一代（约出生于1980~2000年）帮助推动了许多新兴的时尚趋势，从小众品牌、定制到“运动休闲装”和中性着装。同样，婴儿潮时期出生的人（“二战”后出生的人）也改变了人们对老年消费者穿着选择的预期，导致时尚零售商不得不为60岁以上的消费者创造新的时尚系列。

社会共识（Desirability）

性感一直是时尚潮流的驱动因素。不同的时代和文化对一个人魅力的来源有着不同的看法，但它们的结果往往是突出女人的胸部、腰部或臀部，或是男人的肩膀和腿。在最吸引人的体型上也会有一些趋势，这可能会影响某些服装的结构或穿着方式。例如，在过去的几个世纪里，一个圆圆的或体格健硕的形象被认为是有吸引力的，因为它表明这个人吃得很好，很富有。然而，自20世纪20年代以来，随着轻盈灵活的时髦女郎风格的兴起，苗条被认为是最具有吸引力的，因为它意味着自律和精致。最近几年，健美的体格已经成为一种时尚，作为一种健康的生活方式，引发了更多关注身体的时尚。

从左至右：
- 20世纪20年代的窄臀、男孩子气风格被视为是有吸引力的和现代的
- “二战”后青少年的崛起创造了新的风格、活动和愿景

时尚趋势产业：过去、现在和未来

起始于美国和法国，趋势预测已经存在了一个多世纪。从那时起，这个以决定趋势为开端的行业，开始将重心转向启发趋势并对消费者的需求做出回应。

跟踪和预测趋势的做法始于1915年，第一个色彩预测是由美国专家玛格丽特·海登·罗克（Margaret Hayden Rorke）创建的。她会找出法国纺织厂生产的颜色（法国纺织厂决定了在巴黎流行什么，并且在美国也会流行），然后制作“色卡”，分发给美国的制造商和零售商。当时和现在一样，海登·罗克的色彩预测的目的是帮助时装业关注哪些时装最有可能吸引消费者，从而减少浪费和降价。然而，由类似美国纺织品色卡协会（Textile Color Card Association of the United States）和托比顾问协会［TOBE，美国人托比·科勒·戴维斯（Tobe Coller Davis）1927年在纽约创建的时尚趋势咨询机构］等机构进行的初步预测在于告诉品牌和零售商应该根据其他公司的产品生产哪些颜色，而消费者则没有太多的选择。因此，趋势报告实际上决定了什么会流行。

在20世纪60～70年代，趋势预测的目的从缩小制造商（随之也包括消费者）的选择范围，转向一个更有启发性的目的。这些预测变得实体化：制作出含有丰富多彩、富有远见的想法和设计的指南书籍，旨在激励设计师和制造商创造出令人兴奋的新产品——这些新产品既有成功的，也有失败的。这个预测的时代催生了一些行业大师，如趋势联盟（Trend Union）的创始人李·爱德科特（Li Edelkoort）和与巴黎机构同名的奈莉·罗迪（Nelly Rodi），并产生了“趋势大师”（Trend Guru）这一概念。

1998年，一个流行预测的新贵再次改变了这个行业。沃斯全球风格网络（Worth Global Style Network，WGSN）是第一个在线趋势服务商，它引领了从实物、季节性趋势报告到跨类别的、快节奏的、国际性的趋势报告和预测的转变。与此同时，该行业的重点已经向更多以消费者为主导的趋势转变，设计师和零售商更加重视消费者不断变化的生活方式，并致力于满足消费者的需求或欲望。这意味着，生活方式的趋势，或称“宏观趋势”研究（考察娱乐、文化、餐饮、技术和设计），已经与最初预测者处理的颜色和面料一样，成为预测趋势过程中更重要的一部分。

从上至下：

▲2018年沃斯全球风格网络的未来慢生活趋势报告（Slow Futures）的封面

▲展示夏帕瑞丽（Schiaparelli）设计的定制时装图样，带有布料样板，摘自1952年冬季的《卡耶尔·布勒》（*Cahiers Bleu*），第17页

◀出自巴黎趋势机构贝可莱尔（Pe-clers Paris）于1984年出版的一本关于趋势的书

从小众到主流的技巧（From niche to mainstream skill）

在过去的一百年里，趋势预测已经从一系列非常小众的，通过专门服务购买的专业技能，演变成一个许多时尚行业从业者期待具备的技能。现在，捕捉和预测趋势的能力是常规设计和生产过程的一部分，并且可以通过网络或实体的趋势服务商获得。

◆1936年，美国色彩协会的样卡

灵感与信息（Inspiration plus information）

经济衰退和日益全球化的时尚市场使得准确预测比以往任何时候都更重要，这导致许多品牌和零售商将带有灵感、具有前瞻性的趋势报告（无论是以传统的图书形式还是在线形式）与“智能”数据相结合，这些数据来自公司内部的销售数据、社交媒体分析以及市场报告。

这导致了像精选（EDITED）这样的服务商的出现（更多信息参见第98、99页的“简介”），以及对趋势预测师能够分析时尚趋势、风格和情绪的更大期望。让趋势预测变得美丽和鼓舞人心，这远远不够——它还必须是稳健且适用的。据精选称，这有助于“企业更好地规划未来，并根据市场实际显示的情况做出决策”。但是，尽管数据可以显示什么是已经成功的，但趋势的本质在于展望未来——因此，那些既有远见卓识的预测，又能深入分析的人，最易于提供灵感产品。正如视界出版集团（View Publications）创始人大卫·沙哈（David Shah）所言，“不是信息，而是确认”（参见第126、127页）。

因此，企业现在对一家提供全方位服务的趋势机构或一个单一的趋势大师的依赖有所减少。相反，许多品牌和零售商将他们自己的内部研究和预测，与领先的机构以及各类行业专家提供的更具体的指导相结合，如牛仔布预测员艾米·莱弗顿（Amy Leverton）（参见第36、37页）或材料专家芭芭拉·肯宁顿（Barbara Kennington）。

趋势产业的时间线

1915年
在美国创造出第一个色卡

1927年
托比报告创建

1963年
国际流行色委员会（Intercolor）成立，总部位于法国

1967年
推风（Promostyl，法国趋势机构）发布了它的第一本时尚书籍

1969年
道尼格（Doneger）创造出“第一次趋势预测”

1998年
首个在线趋势服务商沃斯全球风格网络上线

2009年
精选创立

参见第30、31页“代理商、公司和网站”

第二章

时尚趋势产业

在本章中，我们将详细介绍趋势预测行业中主要的专业性角色，以及其中的各种工作，他们的工作内容及其之间的联系。我们会提供一个包括当下服务商、代理商、网站以及专家的总结，范围涵盖从全球性的服务商到规模较小的利基公司。

趋势预测代理商、网站和服务商旨在向客户提供绝对必要的信息，以帮助他们高效地工作。一些公司试图涵盖整个时尚和设计行业，从消费者研究和展望未来15~20年的宏观趋势，到当季店内的零售分析；而另一些公司则专注于细分市场或单一产品，或仅专注于像色彩预测这一个领域。

此外，我们还对部分业内人士进行了简要介绍，深入了解他们在趋势行业中的工作角色和职业道路，以及他们如何在日常生活中使用趋势预测。

我们还将研究趋势预测和趋势报告之间的差异，以及趋势预测服务通常可能生成的报告类型。

◀在巴黎趋势机构贝可莱尔召开的一次圆桌会议，以确定本季的配色。与会者正在展示他们的研究和建议，并将他们的想法作为一个整体加以整理

角色

本节详细介绍趋势预测行业的主要专业角色，包括色彩、材料和印刷专家，以及街头风格专家；零售、采购和销售专家；消费者分析师以及设计师。我们还探讨了非专业人士日益增长的影响，例如，博主、视频博主以及其他线上社群，并且着眼于社交媒体对时尚设计行业趋势的影响。

色彩预测员（Colour forecasters）

色彩预测员是趋势预测行业核心的一部分。通过广泛的研究和分析，他们创造了色板，告知市场、设计师，并最终告诉消费者，他们认为哪种颜色将是重要的。色彩专家会制作一些在接下来的几个季节里可能流行的颜色的色板，这些色板会影响到行业的多个领域，并开启新一轮的潮流周期。

材料专家（Materials specialists ）

材料专家研究织物或非织造织物的表面及其组成和纹理，并预测哪些材料在未来的季度中最重要。许多材料专家与科学家和原产品制造商合作，通常提前数年启动这一过程。然后，在季度预测开始时，他们与色彩预测员合作，制作一份材料影响力清单，以便向设计师、制造商和供应商展示，从而启动样品制作过程。

在一次趋势预测大会上，纱线和纤维专家在讨论新的颜色和纺织用线

纱线和纤维专家（Yarn and fibre specialists）

纱线和纤维专家专注于天然和人造的纱线、纤维和长丝，然后将它们织造或编织成实际的纺织品和面料从而组成产品样品（册）。他们利用色彩和面料专家提供的信息，并加入自己的影响和灵感，以决定应该创作什么样的材料。

印刷专家（Print specialists）

印刷专家关注于印刷表面装饰——无论是数码、丝网印刷、手绘还是转印。从平面图案到复杂的重复和布局，可以采取多种印刷形式。色彩预测员和材料专家为印刷专家的研究提供信息，他们将富有灵感的材料组合在一起，指导印刷设计师。然后，印刷品将在内部制作，或由自由职业者制作，或者作为样品在展会上购买。

表面装饰专家（Surface specialists）

表面装饰专家研究纺织品和面料的所有装饰，从刺绣到亮片等其他附件。他们也与色彩和材料专家合作，然后与供应商和制造商合作。他们通力合作制作用于交易会和展览会展示和出售的样品，供设计师们选择以应用于他们的设计系列中。

产品设计师（Product designers）

产品设计师是他们所处的专业领域中训练有素的专家。他们利用色彩、面料和宏观趋势来辅助设计，绘制出款式和廓型的样本，然后制作成服装或产品。产品类别繁多，但大致可以分为女装、男装、童装、鞋履、配饰、牛仔服、贴身内衣和泳装等，设计师通常会将每一类别细分为特定的服装或产品类型。

一位鞋履设计师在整理了他最初的调研成果后，将他最初的想法画成了草图

图案被剪下，与产品品牌一样的标志被印在包袋的一个口袋细节上，颜色是预先确定好的，并且经过了精心的选择

服装技师和打板师（Garment technologists and pattern cutters）

服装技师要确保每一件衣服或物品在技术上是正确的，确保它合体并适合特定的用途。他们与打板师协作，通过缩放纸样扩大用于生产的样板，辅助设计过程。然后，产品经理确保设计师的想法和愿望能够以最好的方式制造出来。

买手（Buyers）

每个季度之前，买手都会用已经分配好的预算为店铺购买商品，在他们预计的畅销产品、核心产品和关键的特殊采购产品之间实现一个微妙的平衡。买手遵循当前所有的趋势，以确保他们所购买的产品在商店出售时，能够以最佳的状态与消费者见面。

跟单员（Merchandisers）

跟单员决定了商品应该于何时何地在商店内陈列，以最大限度地发挥它们的销售潜力，他们与买手团队紧密合作，这样便可以知道哪些商品和产品将会到货，以及什么时候到货。他们与零售团队紧密合作，以确保他们的店面能够适应当前的所有趋势，并最大限度地吸引消费者。他们还与视觉陈列师——他们为橱窗、人体模特和店铺陈列装饰，以及平面设计和市场营销团队合作。他们必须紧随全球大型商店制作的视觉陈列趋势，也必须跟上小众零售商的趋势，这些零售商往往在有限的空间和预算中更具创造性。

零售商（Retailers）

零售商需要对市场有一个广泛的了解，范围从高街到快闪店，以及即将开放的市场和关键地区的变化方式。为了跟上竞争对手的步伐，零售商可能会在销售数据、秀场或街头报道以及全球旅行中采集趋势。他们还从前沿店铺以及流行的零售地点获得灵感，帮助他们决定在商店中应该重点发展哪些方面，以及如何装饰店铺的外观。零售商还需要了解消费者分析和销售数据，以确保他们能以恰当的方式和合适的产品吸引正确的目标消费者。

时尚趋势预测中的关键角色（Key roles within fashion trend forecasting）

产业角色

色彩预测员	材料、纱线和纤维专家	印刷和表面装饰专家	产品设计师	服装技师、打板师和产品经理	买手和跟单员	零售、消费者和青年研究专家	营销人员和媒体

被每一个角色利用的趋势服务

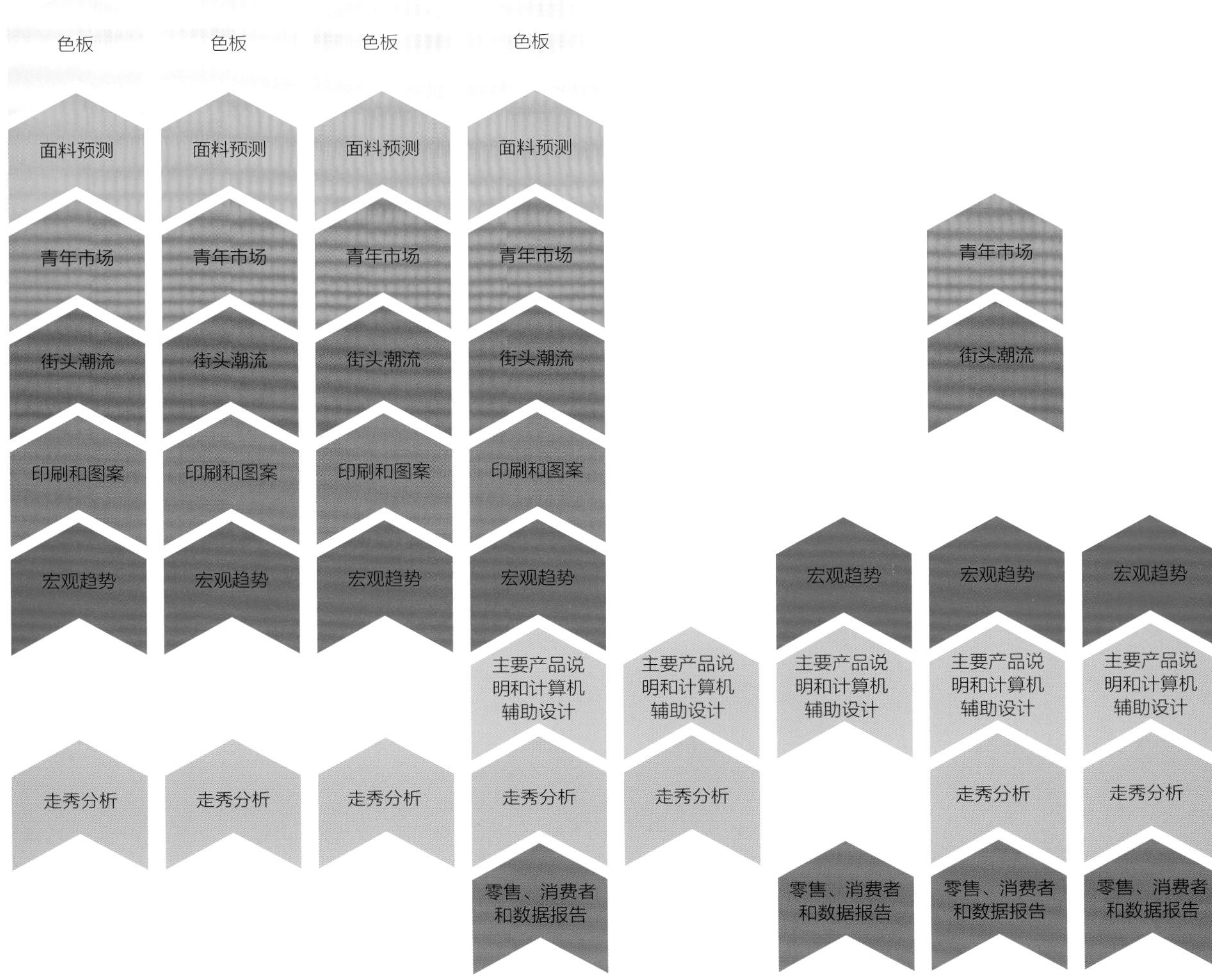

市场营销人员（Marketers）

市场营销人员把消费者变成顾客，并负责代表品牌或企业营销产品。他们与产品设计团队、买手和跟单员合作，了解他们正在专注的趋势、关键的“故事”是什么，以及他们如何通过平面设计、陈列和促销资料向顾客更好地讲述这些故事。市场营销更多的是创造一种产品的需求，而不是让客户实际购买，但它当然对后者有直接影响。市场营销人员必须跟上图案风格的趋势、关键市场的影响因素，以及可以影响消费者消费方式的社会经济趋势。

消费者分析师（Consumer analysts）

消费者分析师持续关注市场以及它的变化，分析购买趋势以及社会经济、政治局面、艺术和设计趋势等可变因素。他们根据人口统计、消费行为和地理差异，通过消费者需要、欲望和需求的相似性来进行市场细分。消费者分析师将研究来自零售领域的数据，并针对企业内部的宏观趋势或品牌的战略规划发布报告、评论和定制信息。

青年专家（Youth specialists）

青年专家通过街头摄影关注在街头出现的新趋势；关注如节庆、新晋音乐家和时尚标签中展现的青年市场灵感；关注电视、电影以及更年轻的市场和会从中获取灵感的网络频道。青年专家经常与品牌合作，帮助他们确定青年市场对什么感兴趣，以及随着可支配收入的增长，这一代人在未来的几年中可能会购买些什么。

平面设计师（Graphic designers）

平面设计师创造的季度、系列或宣传活动的图像、插画和文字设计，可以被市场营销人员、零售商和跟单员所采用，并在销售过程中帮助他们。

博主苏西·巴伯（Susie Bubble）经常出现在街头，人们称赞她的时尚感和品味，以及她发现新晋品牌和未来品牌的能力

社交媒体

博主（Bloggers）

博主经营着富有信息性或个人观点的网站。他们在时尚界的影响力越来越大，品牌经常与重要的博主合作推出产品——相信他们的观点和追随者的意见，而不是专业人士的话。明星博主可能会推出自己的产品系列，或者与大品牌合作。例如，巴黎的嘉兰丝·多尔（Garance Doré），他与美国品牌凯特·丝蓓（Kate Spade）合作；来自曼瑞派乐（Man Repeller）的美国博主莉安德拉·梅丁（Leandra Medine）和丹妮裘（Dannijo，美国手工饰品品牌）一起推出了系列产品；以及来自英国的风格泡泡（Style Bubble）的苏西·巴伯，与瑞典品牌芒基（Monki）合作。还有一些博主借助个人博客的力量成为明星。泰薇·盖文森（Tavi Gevinson）在12岁时就因为她的时尚新秀博客（Style Rookie blog）而成名，现在她是一名演员；马克·雅克布（Marc Jacobs）以菲律宾博主布莱恩男孩（Bryanboy）的博客命名了一款手提包。趋势代理公司利用博客收集关于特定主题或新产品发布的前沿信息，或了解特定人群的观点和兴趣。

视频博主（Vloggers）

视频博客的使用方式与博客类似；视频博主用测评、信息或“如何做”的教程等视频组成他们的个人主页。视频博客有各种各样的频道，最受欢迎的是美妆频道。视频博客的明星们拥有数百万粉丝，就像博主一样，他们已经步入了品牌代言、合作和线下名誉的世界。坦娅·波尔（Tanya Burr）以在油管（YouTube）上的美容频道而闻名，她已推出了自己的化妆品系列，并出版了一本关于美妆的书。

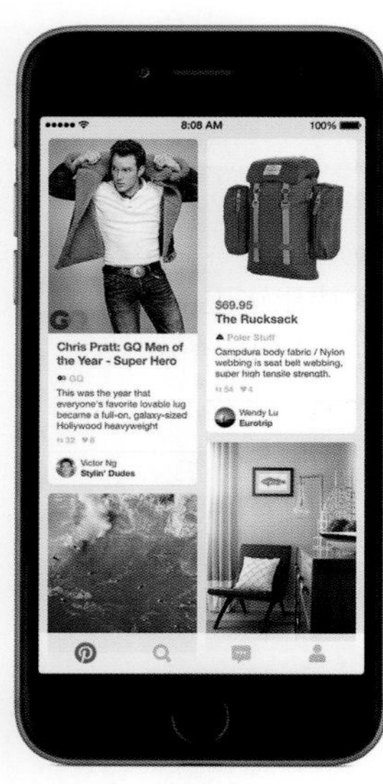

汤博乐（Tumblr）

汤博乐的订阅允许用户添加一些可以滚动显示的图片系列，配以极少的文字或完全没有文字的内容。通过它们，浏览者可以轻易地了解博主的个人风格。它们还可以被用来展示小众爱好，或者含有幽默的内容。趋势预测员利用汤博乐上的资讯帮助设计，给予设计过程以灵感。

拼趣（Pinterest）

拼趣展示了那些从互联网中获取或上传至网络中的图片，并提供兴趣面板功能。拼趣因时尚、美食、婚礼领域而变得流行，如今它通常为品牌和零售商所用，用以营销他们的产品，并且直接向顾客售卖——这其中既有品牌通过自己面板发布的产品，还有品牌要求或有偿让明星用户发布的产品。明星拼客拥有成千上万的面板和数以百万的粉丝，所以具有非常重要的品牌价值。

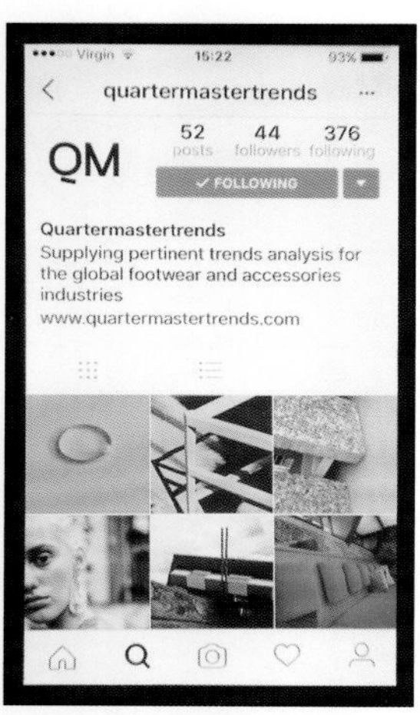

照片墙（Instagram）

照片墙是一个基于图片的社交媒体平台，它凭借发布富有灵感的图片而流行，这其中包括自拍照——用户自己照片。它是目前拥有大量粉丝的明星为品牌展示产品最重要的渠道之一。许多时尚品牌都会在照片墙明星的图片物料中宣传其产品。如吉吉·哈迪德（Gigi Hadid）等明星已经通过这个渠道助力了他们的职业模特生涯。对趋势公司来说，照片墙是最实用的，这些公司通过它来获得视觉灵感，也通过它来建立消费者和产品之间的连接网络；用户可以通过它了解未知或未公开的信息，并在信息发布时立即浏览。

色拉布（Snapchat）

色拉布是一个照片和视频服务商，它让用户为照片和视频添加一个说明，然后发送给好友，发出的内容在24小时后消失。它在千禧一代的市场（18~34岁）中非常流行，这项服务在2016年美国总统竞选中起到了重要作用。它有一个杂志风格的精选内容版块，各个品牌都利用这种特色进行深度参与。

从上至下：
❶拼趣的面板是一个优秀的工具，它可以将组织研究和初步的趋势想法聚焦在一个地方
❷鞋类和配饰趋势服务公司舵手趋势（Quartermastertrends）的照片墙页面

社交媒体的影响（The influence of social media）

各大品牌迅速利用社交媒体受欢迎程度的大幅上升来提升自己的知名度，增加支持者，并最终获得营收。他们还试图将自己与最受欢迎的用户，或那些他们认为最适合自己品牌的用户连接在一起。品牌使用各种渠道的方式是多种多样的，最基本的是简单的广告、弹出式广告、受储存在用户本地终端上的数据（Cookie）影响的横幅广告以及针对消费者的内容。

许多品牌都与作品丰富的明星博主和视频博主合作，他们纯粹是通过线上渠道出名的——无论是风格评论、设计或美妆，还是产品测评。许多公司使用以下策略来吸引客户：

★ 竞争式赠品；

★ 当由名人来策划或编辑某品牌网站的部分内容时，使用用户生成内容（UGC）或由名人/明星接管；

★ 合作以及代言；

★ 线上聚会及活动，例如，拼趣或推特的聚会；

★ 成为品牌或渠道大使。

模特经纪公司可以在合同中加入一系列社交媒体的条款，以确保模特能够进一步推广他们客户的营销活动，从而利用模特的个人网络力量为客户服务。许多之前没有与产品联系在一起或没有被列入线上展示计划的个人用户，会发现自己成了即时网络明星。例如，拼趣挑选了一些他们喜欢的面板创作者，并在他们的页面上推广这些用户。一些相对不知名的用户几乎在一夜之间增加了数以百万计的粉丝，其中一些用户，如玛丽安·里佐（Maryann Rizzo）和达那厄·沃克洛斯（Danaë Vokolos），已经改变了他们的职业或与品牌合作，以他们的名义发布图片。

社交媒体也催生了一个完整的品牌化机构和咨询公司的市场，该市场定制品牌的社交媒体内容和策略，并将它们与合适的明星或线上名人进行联系。还有一些网站专门将品牌与许多平台（主要是博客）的点击付费收入流联系起来，这些平台允许发布者从销售收入中抽取一定比例，这就是爱博（Bloglovin，时尚博客聚合平台）网站的情况。2015年，拼趣在一些特定的电子商务平台上增加了“可购买”按钮，打开了希望在品牌官网以外的网站直接向消费者售卖的小型电子零售商的市场。这种发展甚至可能颠覆我们目前所知的批发流程。

报告VS预测

趋势报告和预测可能会令人感到混淆。趋势报告是一种“讲述你看到了什么”的方法，用来描述当时市场上的情况，而趋势预测则是研究未来几个月或几年市场的状况。和预测一样，报告通常包括一些分析，例如，在秀场上发现的相似风格或颜色，但它的影响仅限于当前的时装季。

趋势报告是被许多代理商所应用的一个重要的工具，并且扮演着很多角色。这是一种追踪零售商和消费者对关键趋势如何做出反应以及它们的销售程度如何的方法，这些趋势在杂志或商店橱窗中最常见。有四种关键的趋势报告方法。

比较购物（Comp shopping）

零售商通常会比较他们的竞争对手如何使用关键趋势，这就是所谓的比较购物。他们可能会比较在竞争对手的门店中销售或推广的某种色彩设计或呈现出来的某种趋势，并相应地调整自己的设计。设计师和买手也可以查看竞争对手的商店，看看他们自己的系列中是否有缺少的产品。

店铺橱窗（Shop windows）

趋势服务与企业内部团队会前往主要城市和街区，拍摄有影响力的零售店铺（包括百货公司、精品店和大型零售商店）橱窗里展示的品牌、颜色、风格和趋势。这些图像帮助他们评估市场对某种趋势的接受程度，因为零售商选择在橱窗里促销的商品，会对消费者的购买欲产生相当大的影响。

销售数据（Sales data）

买手和跟单员（有时是设计团队）会跟踪关键的物品、色彩和款式的销售程度，这将影响他们是否利用消费者的兴趣，通过新的色彩设计、面料编织、廓型等，来创造新版产品。同样，数据也可以帮助品牌和零售商确定下一季的产品是否值得重复。

消费者媒体（Consumer media）

消费者媒体——如时尚杂志、博客和网站——关注的是消费者目前或即将购买的产品，因此它们可以提供一个实用的视角，判断一个季度内哪些趋势可能很关键。然而，他们无法预测产品的流行寿命。

趋势报告（Trend reports）

趋势服务商提供不同种类的报告。下面列出了典型的报告类型，从早期的灵感阶段开始，每一个趋势服务商都可以用不同的方式命名他们的报告。

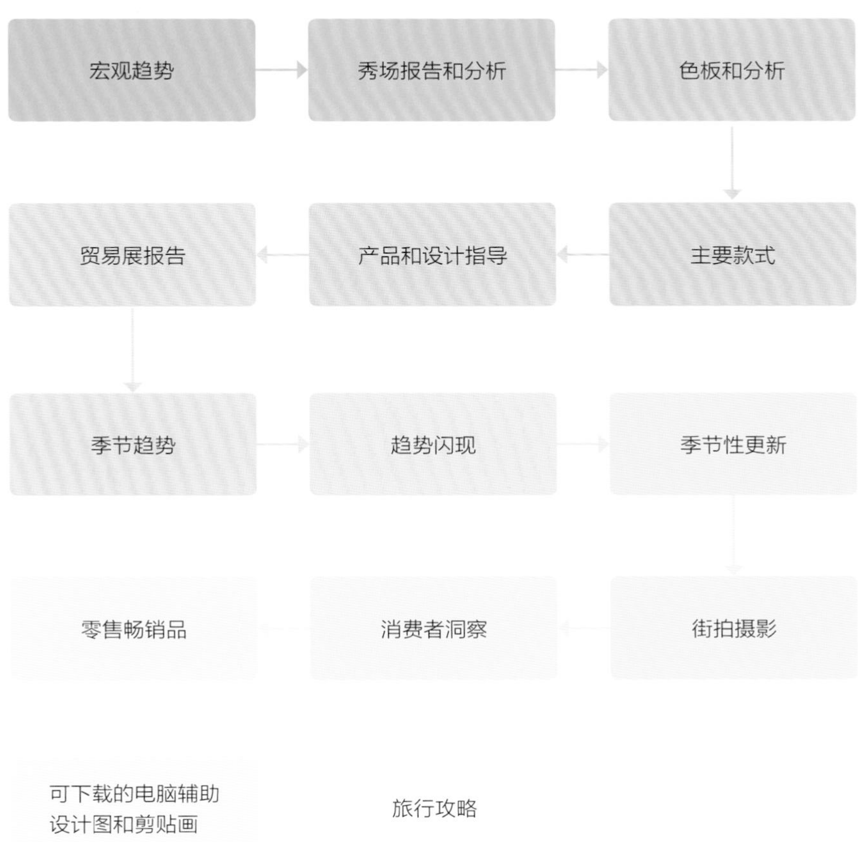

代理商、公司和网站

有上千家趋势服务商、代理商、网站和专家。这份名单从沃斯全球风格网络、贝可莱尔和推风等领先服务公司，到像李·爱德科特这样的关键影响者，和像安娜·斯塔摩（Anna Starmer）这样的趋势预测专家，以及规模较小的小众服务商，是有效且有趣的。

安娜·斯塔摩（英国）

安娜·斯塔摩的主业是一名色彩预测师，她还经营了一家创意咨询公司，致力于设计趋势、定制报告和自主设计指导。www.annastarmer.com

菲斯·波普考恩的脑力储备（Faith Popcorn's Brain Reserve，美国）

脑力储备是一家面向未来的营销咨询公司，由菲斯·波普考恩创立于1974年，他是美国公认的最重要的潮流专家之一。脑力储备与客户合作，帮助他们创造未来的产品，并提供趋势银行服务（Trendbank），旨在帮助预测未来消费者行为。www.faithpopcorn.com

五乘五十（Five by Fifty，新加坡）

五乘五十总部位于新加坡，专注于亚太地区（APAC）。该公司运营着亚洲消费者情报机构（Asian Consumer Intelligence），这是一家专注于亚太地区的趋势分析网站。www.fivebyfifty.com

未来实验室（The Future Laboratory，英国）

未来实验室将自己定位为一家咨询公司，它通过驾驭市场趋势和满足消费者需求，帮助企业保持不过时的领先地位。其基于订阅的服务LS：N Global每两年举办一次消费者简报会，并且每日会更新观察和趋势报告。www.thefuturelaboratory.com

偶像文化（Iconoculture，美国）

偶像文化是总部位于美国的全球消费者洞察专家，强调数据和人口统计。www.iconoculture.com

奈莉·罗迪（Nelly Rodi，法国）

奈莉·罗迪是一家趋势预测机构，它利用消费者、创意和市场情报为客户制作预测报告，并通过每日洞察更新奈莉·罗迪实验室（NellyRodiLab）网站。www.nellyrodi.com

巴黎趋势机构贝可莱尔（法国）

贝可莱尔是一家1970年成立于巴黎的创新、时尚和咨询公司。它是唯一一家仍在制作潮流书籍的公司——就像所有前互联网时代的公司一样，它还拥有一个提供趋势分析、品牌战略和风格咨询的咨询部门。www.peclersparis.com

派耶·格鲁朋（Pej Gruppen，丹麦）

派耶·格鲁朋是一家斯堪的纳维亚趋势的研究机构，成立于1975年，其成员主张“发现、分析并与生活方式领域的专业人士交流未来趋势”。

它为设计行业出版精选的趋势和洞察力杂志，并举办研讨会和讲座，制作报告并从事广泛的咨询项目。www.pejgruppen.com

推风趋势机构（法国）

推风于1966年在巴黎成立，自称是最早推出潮流书籍的机构。该公司目前在全球拥有众多办事处，其中包括在中国的几家。它最初是为那些希望进入成衣市场的面料和装饰制造商提供服务，现在提供咨询和品牌发展服务。www.promostyl.com

舵手趋势（美国/英国）

舵手趋势是为全球鞋履和配饰行业提供相关趋势预测的机构。他们提供洞察报告和色彩、面料以及趋势分析，并为品牌和零售商提供系列设计和产品开发服务。www.quartermastertrends.com

斯考特（Scout，澳大利亚）

总部位于悉尼的斯考特是一家精品代理机构，它将全球市场的洞察与创造力结合在一起，为时尚和设计行业带来……基于结果、经过验证的预测。由于专注于零售行业，斯考特对其工作采取了个性化和交互式的方法。www.scout.com.au

斯特莱斯（Stylus，英国）

斯特莱斯是一家创新研究和咨询公司，运营着一个基于订阅的网站，内容涵盖时尚和产品设计的各个方面，并为定制信息和创新论坛提供咨询服务。www.stylus.com

趋势研究办公室（Trendbüro，德国）

趋势研究办公室是一个战略智库，利用社会、经济和消费趋势为其客户制定有效的营销策略。趋势研究办公室是全球性传播机构“先锋”（Avantgarde）的一部分。www.trendbuero.com

流行趋势站（Trendstop，英国）

流行趋势站整合了一个在线趋势研究平台、一个咨询服务商和设计工作室，他们的专长是将趋势概念转化为成功的商业产品。www.trendstop.com

趋势联盟（Trend Union，荷兰）

趋势联盟是荷兰策展人、潮流创新者、引领者李德威·爱德科特（Lidewij Edelkoort）的潮流工作室。爱德科特是时尚界的一个重要人物，她以现场演讲和倍受人喜爱的出版物而闻名。趋势板（Trend Tablet）是趋势联盟的社交媒体平台，它解释了趋势的发展过程，并拥有一个由设计师、趋势追踪者和创新者组成的社区。www.trendtablet.com

独特风格平台（Unique Style Platform，英国）

独特风格平台（USP）“为时尚和流行行业提供智能分析”。它有一项免费的每日博客服务来吸引客户，然后客户再付费购买高级服务，以提供季节性的趋势预测和洞察报告。www.uniquestyleplatform.com

沃斯全球风格网络（WGSN，美国/英国）

沃斯全球风格网络是最早的在线趋势服务之一，自1998年开始运营。2014年，该公司收购了其主要竞争对手风格洞察（Stylesight），成为该行业最大的服务提供商。该机构提供的服务包括沃斯全球风格网络库存分析（Instock）等，该机构通过广泛的零售商网络实时跟踪全球范围内的库存、销售模式和行为，而沃斯全球风格网络的风格测试（Style Trial）则允许买家在推出零售产品之前，在线下受众中测试他们的产品。www.wgsn.com

行业人物
特莎·曼斯菲尔德（Tessa Mansfield）

简介：

特莎·曼斯菲尔德是全球时尚和生活方式趋势服务商斯特莱斯的内容和创意总监。

您是如何获得目前职位的？

在制造自有塑料产品系列和发行《墙纸》杂志（*Wallpaper*）*之前，我在布莱顿大学学习3D设计，专业是塑料、材料和视觉研究。我从20世纪90年代末开始就在西摩·鲍威尔（Seymour Powell）和爱斯匹埃弗（SPForesight，SPF）工作，从事早期的视觉趋势研究。2010年，我作为初创团队之一加入了斯特莱斯。如今，我负责内容团队，指导我们的内容和创意策略。我们为大约500名客户鉴别和连接最重要的全球与跨行业趋势，这些客户包括锐步、阿迪达斯、万豪、沃尔沃、酩悦·轩尼诗、丝芙兰和约翰·路易斯。

您如何进行趋势研究和预测？

我把趋势看作是对更复杂现实的简化，是通过识别模式和主题创造出来的。趋势为企业提供了引人注目的故事、视觉灵感和社会背景，企业可以据此创造产品，也可以根据这些来衡量自己的品牌。

我们在斯特莱斯为不同的用户做各种类型的趋势分析。当企业考虑其未来受众和消费动机时，人口统计或心理变化趋势可以为其提供背景资料。审美驱动的趋势可以为所有的创意专业人士，从买手到视觉采购员，提供强大的指导。

我们的趋势报告范围很广，从博客文章到长期跨行业的消费者宏观趋势。为了满足设计和制造供应的时间需求，我们还提供未来18个月内的设计指导、颜色和材料趋势以及流行预测。这些视觉报告是一种可以激发灵感的产品开发工具，从颜色、表面和材料到平面和空间设计的一切。

您和您的团队在研究中最经常使用的工具和资源是什么？

我们的专家分析师会观察有影响力的人，阅读大量的书籍，与思想领袖以及行业专家交谈，整理互联网上的信息，寻找案例研究来阐明观点，并会结合外部定量研究的统计数据。我们采用的桌面研究工具是一组从博客、社交媒体到新闻的不断扩充的线上信息。

我们以团队为单位消化信息，展开讨论和辩论，举办趋势日和行业圆桌会议，邀请外部专家、意见领袖和有影响力的人与我们的内部团队一起展示、分享和分析趋势。团队每年参加150多个全球跨行业活动——包括贸易展、设计周、专题研讨会和大型会议。随着时间的推移，这让我们能看到产品和想法的演变，从而提供了一个强大的趋势知识来源。

斯特莱斯的趋势如何转化为面对客户的实际洞察？

在公共领域有如此多的趋势信息，我们提供策划分析的工作对于帮助我们的客户屏蔽噪音至关重要。我们为他们提供设计新产品和判断内部创新所需的信息。视觉元素非常重要，我们通过精致的专用情绪板展示我们的设计指导，并使用信息图表（见对页）提供少量的针对生活的视觉研究。证明我们的分析背后的严密性是很重要的。我们的报告包含了对未来的洞察，能够绘制的趋势轨迹及其对特定行业的影响。

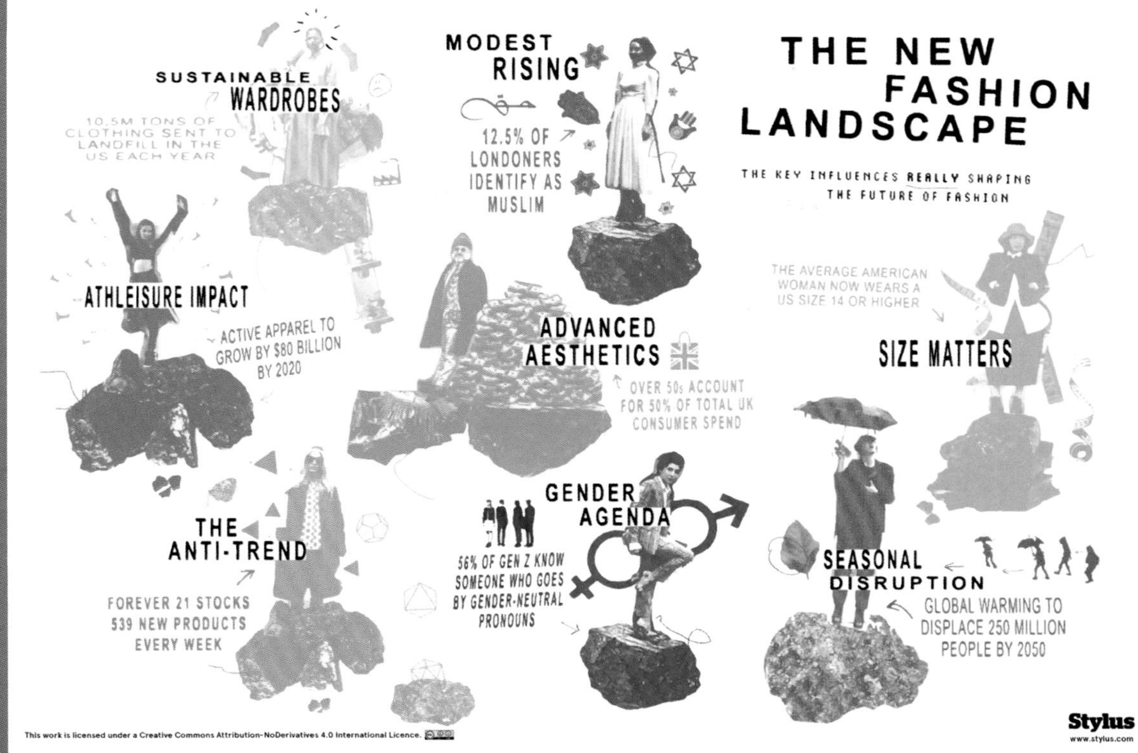

您认为时尚界对趋势的使用正在发生怎样的变化?

今天，人们更注重证实趋势预测。虽然我们的报告主要是定性的，但我们仍会通过定量研究和专家验证来支撑报告。秀场报道仍然是我们时尚传达的关键部分。我们的客户喜欢秀场分析，因为它可以证实我们的预测并且反应迅速。但随着每个人都能接触秀场，T台将变得不那么重要。

时尚产业已经变得相当实际，意味着是你不能孤立地看待时尚。通过定义塑造当今时尚关键的外部影响因素，并与更广泛的社会和文化趋势相联系，我们能帮助客户建立新的商业战略。预测仍将是一种重要的商业工具，它有助于我们理解一个日益变化和分裂的世界中正在发生的变化。

时尚潮流和其他类型的潮流是如何贯通的?

它们是通过一些互补的领域——你仔细观察会发现其中直接的联系——与那些具有广泛灵感来源和更可能形成重大影响的行业形成对比。在时尚预测中，要补充的部分往往是美妆、色彩、面料以及室内设计。现在我们可以看到，还有更多来自技术、媒体和交通的影响。

行业人物
英格丽·德·弗列格（Ingrid De Vlieger）

简介：

英格丽·德·弗列格研究商务沟通，并且曾经在许多营销岗位上工作过。十年前，她开始在杰斯伯（JanSport）从事产品营销工作。她喜欢产品元素开发，并跳槽到了依斯柏（Eastpak）比利时分公司做产品助理。八年后，她仍在依斯柏担任设计与开发经理的职位。

您如何看待季节性的研究和趋势预测过程？

趋势识别是一个连续的过程，需要不间断地观察。寻找趋势需要对广泛主题有好奇心和兴趣，这就是为什么我们也会通过不同渠道来定义我们的季节趋势，并在整个年份继续下去。

您运用哪些方法？

一个系列主题的确定来自全年的信息搜寻和收集，但是我们也做了许多季节性的活动，从参加展会到阅读趋势书籍，以及在特定的季节与趋势机构合作。因此，我们整合了具体季节的研究，以及我们在整年中搜寻到的信息，以便为收集完整的资料做好准备。我经常被图像所吸引，这些年来，我收集了一些图像并将它们用于开发。其次，我认为个人直觉是关键——观察趋势，跟随你的感觉，并且要站在依斯柏消费者的立场上。

为了准备不同销售季的产品，我们与来自巴黎、伦敦、苏黎世、日本和韩国等不同地区的几家时尚机构合作。我们查阅描述颜色、面料、廓型和风格的潮流书籍，并与数字时尚平台合作，发现未来的消费趋势。我们去参观展会——从与时尚相关的展会，到关于产品设计/创新、室内设计等的展会，因为我们觉得有一个大范围的主题是很重要的。

我们定期完成市场走访，因为发现趋势也是基于具体地点的，风格因城市而异。我们去往斯堪的纳维亚、巴黎、伦敦和米兰，还有中国香港、首尔和东京等城市。我们还持续在网上做案头研究，这能让我们快速而低成本地从广泛来源中挖掘数据和灵感。有时，一个单独的图像可能就很强大，它会触发你的灵感，并将你引向一个完整的新系列。我们与我们的供应商以及面料供应商合作，他们为我们提供最新的技术和面料。

您觉得行业中哪些部分对您的工作最有启发，是社会的、文化的还是美学的？

寻找时尚趋势需要研究广泛的主题，但我们的灵感大多来自时尚圈、室内设计、鞋子或配饰。

您认为时尚界对趋势的使用正在发生怎样的变化？

如今，趋势产生和消亡的速度非常快。在社交媒体上，消费者经常谈论什么是流行的，什么是过时的。这就是为什么我们要在这个问题上不断地咨询趋势预测专家，这非常重要。他们已经告诉我们要放慢速度。如今，时尚以及生活方式行业也认识到优秀的实体设计和标志设计的重要性，它们不会消失或褪色。因此，当我们想要一个更前卫的系列时，我们需要胆量和勇气。

您的灵感通常是从哪里来的？

我认为对我来说，到处旅行并亲身体验是巨大的灵感来源！从世界各地不同的城市汲取创意，并与整个团队分享灵感。了解不同文化如何翻译不同的趋势及颜色是很棒的体验。伦敦和东京总是不同的，甚至欧洲的北部和南部也有很大的不同。把所

有拼图拼在一起，然后想出很棒的系列，这很有趣。

什么工具——网站、博客、书籍、地点、物品，是您不可或缺的?

沃斯全球风格网络、海思诺比提（Highsnobiety）潮流网、海普比斯特（Hypebeast）潮流网、潮流书籍、博览会、世界各地的城市……在风格、色彩和时尚趋势方面，所有东西的组合是寻找灵感的最佳平台。

请描述您目前的角色，并从表层角度和深层角度解释一下趋势如何在其中发挥作用。

在我目前的工作中，我负责设计和开发依斯柏的产品线和系列。我既要满足目标消费者的需求，又要满足市场对价格、分销和品牌定位的需求。我和生产团队一起管理产品设计，以及从设计到样品的生成过程。在这个过程中，市场知识和趋势研究是基础，这是整个过程的起点。

行业人物
艾米·莱弗顿（Amy Leverton）

简介：

艾米·莱弗顿是洛杉矶的牛仔装专家，她专门为牛仔服品牌提供咨询。她在牛仔服行业工作了10年，最近在沃斯全球风格网络担任牛仔服与青年文化总监。

您目前在做什么？

我是一名趋势顾问、品牌战略专家、记者、撰稿人和作家，这些职业都是关于牛仔服行业的。

您是如何成为一名趋势预测专家的？

我的专业是时装设计，我花了四年时间设计休闲装和牛仔服产品，但我一直擅长研究情绪板、趋势、初始的概念和想法，所有这些在设计之前的东西。2008年我在沃斯全球风格网络面试了牛仔版块的副主编，然后幸运地得到了这份工作。

您的客户需要从一项趋势预测中得到什么？

最近，他们的目标发生了很大变化。过去，他们需要在足够做出反应的时间内，了解新出现的趋势：廓型、水洗、色彩、款式等。我们正在经历一个趋势巨大波动和多样化的时期。当然，品牌仍会对一些新兴趋势做出反应，如喇叭裤。但我发现，趋势的多样性经常让品牌感到困惑。现在，它们需要更有针对性的信息，从而帮助品牌强化基因（DNA），以了解哪些趋势可以投资，哪些趋势需要放弃。

这些如何改变您研究的方式？

自从要做专栏后，我增加了很多阅读量！在一个不断变化的行业中，了解事物如何变化是很重要的，我们不仅要知道趋势的变化，也需要熟悉商业上的变化。我每个月为海德尔斯（Heddels）牛仔装博客写一篇文章，探讨行业中零售、教育、贸易、面料、创新的变化。在研究过程中与消费者以及行业专家的互动，确实丰富了我的知识体系。

当您在做趋势研究的时候，脑子里总是想着牛仔服吗？还是会从一个更加宏观的视角开始？

我会从一个宏观的、文化的视角开始。但当然，我总是以牛仔服为基础，所以这一切往往是密切相关的。

您如何进行趋势研究和预测？

经历它，这是真的。如果你喜欢你所做的事，你就永远不会停止思考，永远不会停止观察，永远不会停止保持好奇心。我认为只要我仍然热爱我所做的事情，生活就是为了研究。生活是一个大的研究项目！

您运用哪些方法做趋势研究？

我订阅了一些不错的公司简讯，例如，时尚商业评论（BoF，businessoffashion.com）、皮斯福克（PSFK，psfk.com）等。我疯狂地在拼趣上转载图片，我也关注了一些照片墙账号，这些信息让我紧随潮流。我也认为一个巨大的业内好友网络会非常有益，你拥有的联系人越多，你与每一个市场层级的联系就越多。人们给我发送信息，在图片中圈出我，并让我加入讨论。

您觉得行业中的哪些部分对您的工作最有启发，是社会的、文化的还是美学的？

现在我想建立我的全球供应链知识，包括工厂、

洗衣店、制造商等。我越来越感兴趣的是生产和制造过程的透明度，以及牛仔行业的工业废料。我认为这在将来会变得很重要。

您使用什么样的趋势预测服务商，专业的还是个人的？

我不使用趋势预测服务商，因为我就是！我查看订阅源之外的所有内容。但是时不时地，如果我处理一些特定的内容，我可能会在某个站点上进行一些验证，但是我更像是一个偷窥狂。

您认为时尚界对趋势的使用正在发生怎样的变化？

我认为，品牌透明度、真实性和强大的品牌基因（DNA）必将会大幅回归。Z世代是一群充满质疑的人，他们通常反对大型集团、反对朴素，并且有政治头脑。他们成长在一个信息自由的世界，所以他们的需求与上一代人完全不同。

什么最能给您灵感？

我想是新出现的天才吧。没有什么比发现一个在牛仔布方面做得很好的新品牌更能让我热血沸腾的了。我也是一个热衷于面料和编织的极客，如今，面料创新也是如此地令人兴奋。

什么工具——网站、博客、书籍、地点、物品，是您不可或缺的？

照片墙和拼趣。

练习：分析一个目前的趋势

这个练习将帮助你了解，发布趋势报告没有所谓正确或错误的方法，不同的趋势服务、博客或个人可能以非常不同的方式报告相同的趋势。以一个最近完整发布的趋势为例，看看趋势服务商是如何报道它的，写一篇不超过500字的简短报告，用从各种渠道搜集来的图片，支持你的发现。试着挑选一些能激发街头风格、高阶品牌或高端时尚品牌灵感的东西。

在你对报告方式的回应中要保持批判性，并解释你为什么选择它。在你看来，它是有用的还是鼓舞人心的？它是对当前趋势的分析、回顾还是评论？趋势服务机构的职员是为谁撰写的？它们的目标受众是哪些？他们希望读者从报告中得到什么？

你的例子能说明这个想法是从哪里来的吗？它要到哪里去？你会做得更好或者做得不同吗？

在练习中以下面的形式记录笔记：

★图片　　★篇幅

★措辞　　★标题

★版式

对页：
▶来自趋势服务商斯考特的色板和面料趋势

颜色

调色板

核心：靛蓝 · 浓

带有航海灵感海军蓝的浓郁的、深秋的色板。以深海军蓝代替黑色，相应增加使用经典的法国海军蓝。深紫红色是一种新的缝纫和针织面料色系。姜黄色为这一组合增添了活力，并可在织物和针织的色块上组合其他色调。

强调色：活泼 · 鲜艳

强调色在挺括的衬衫和鲜艳的T恤上融合了一层以白色为主的颜色并伴有航海条纹，增加了裤子的时尚感。橙色是上衣的新亮点，而较浅的蓝绿色提升了产品的档次，制服面料激发了剪裁的灵感。灰蓝色是海军蓝的另一种选择，是更休闲的风格。

模块

色卡

核心：
靛蓝 · 浓

PANTONE®19-3922 TCX
空军上尉蓝

PANTONE®17-1052 TCX
浅咖色

PANTONE®19-3815 TCX
暗夜蓝

PANTONE®19-2420TCX
腌菜色

强调色：
活泼 · 鲜艳

PANTONE®11-0601 TCX
亮白

PANTONE®16-1349 TCX
珊瑚玫瑰色

PANTONE®18-4417 TCX
多彩色

PANTONE®19-4014TCX
暗蓝色

潘通®引用名称和编号来自潘通时尚+家居色彩系统。这里显示的打印颜色是模拟的，可能不匹配潘通的色标。要了解潘通颜色的准确标准，请参阅布样。潘通®和其他潘通商标为潘通有限责任公司所有。潘通有限责任公司©版权所有，2007年。只有在SCOUT（斯考特）许可协议框架下，潘通的商标和版权才可被使用。

第三章

时尚趋势基本知识

时尚可能是与潮流联系最紧密的行业，因为在时装周、广告活动和店内系列中，创意和设计的演变是非常明显的，但潮流在其他行业的影响力也越来越大。这本书的重点是时尚趋势，但第五章将探讨时尚趋势和生活方式趋势如何相互影响。

从时尚趋势预测中吸取的经验可以应用于其他生活方式类别，例如，旅游、汽车、美食与饮品、家居和科技。这些行业的成功基于理解消费者不断变化的欲望、影响力和审美——简而言之，就是“Zeitgeist”。“Zeitgeist”是一个德语单词，意思是“时代精神”，对于任何一名趋势预测师来说，理解和利用“时代”是最重要的事情之一。对时代精神的理解构成了趋势预测的基础：利用人们行为或穿着方式的微妙变化，我们能够得知创意来自哪里，以及它们可能产生的影响。实际上，趋势预测是收集那些能够激发设计师和其他关键影响者的东西，以及探索这些灵感如何转化为出现在商店和消费者衣柜里的产品。

在这一章中，我们将研究趋势是如何发展的，以及信息流是如何影响它们的；我们将概述影响趋势的主要因素，并探讨趋势如何以不同的速度演变为经典趋势、季节性趋势或仅仅是短暂的狂热。

◀秀场的影响力仍然很大，许多时尚专业人士参加学生时装秀是为了看到新的创意。亚塞民·卡莉（Yasemin Cakli）的毕业作品集，威斯敏斯特大学，2016年

趋势如何传播

什么是趋势

趋势（名词）

一个变化的模式或方向：一种正在发展或变得更加明显的行为或穿着方式。

在某一特定时间内流行或风靡的东西。这可能是某一“关键”物品的流行程度，穿衣（造型）的方式或颜色的组合。

无论我们是无所事事地观察别人，还是有意识地扮演“文化海绵”的角色，我们都会受到周围其他人的行为和穿着的影响。当一个人从另一个人那里获得灵感，并把这个人的部分想法融入自己的想法中时，无论是有意识的还是无意识的，都会形成一种趋势。

几位作者已经建立了趋势传播的理论模型，他们的模型可以帮助我们理解趋势发展的进程——从一个人尝试一种新的穿着方式，到一群人将它作为一种新的风格，到这个想法登上秀场、生产车间，然后再到街上的大众（接下来是销售轨迹）。趋势的起伏也被称为产品生命周期。

埃弗雷特 · 罗杰斯（Everett Rogers）的创新扩散理论认为，像趋势这样的想法始于一小群“创新者”，他们随后将这种想法传播给“早期采纳者”。后者形成了通向“早期大众”的大门，在“晚期大众”接手一种趋势之前，这种趋势会达到顶峰，最终会抵达成为少数尚未尝试过这种趋势的“落伍者”。这种趋势随后逐渐消失，通常会被新的趋势所取代。

罗杰斯的创新扩散理论

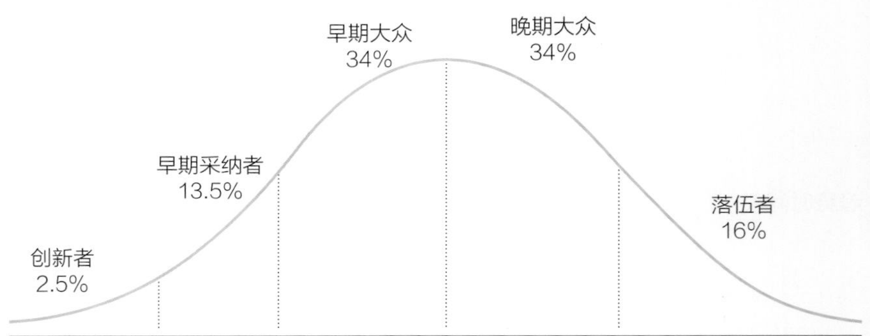

一个成功的趋势，无论是自然的还是通过趋势预测师和品牌的推动，都将从早期的采用者传播到大众市场和后期采用者。然而，并非所有的趋势都是成功的，它们的影响可能有限，因为它们太小众、太贵、太有争议，或者反之，太无聊了。

优秀的趋势预测师会在创新者或早期采用者阶段发现一种趋势的开端，这会为及时分析和开发出符合大众市场兴趣的产品形式留有足够的余地。

趋势预测时间表

趋势预测师倾向于在创意过程之初就开始工作，他们的研究将为设计师、买手和实际创造产品的生产者提供信息，并激发他们产生灵感。这种预测工作可以由趋势机构（它们可以制作、提供色彩、面料、印刷和宏观的趋势报告，以及一些其他内容）来完成，也可以作为调研过程的一部分，由内部设计团队来完成。

对于大多数时装系列来说，趋势预测师会提前18~24个月进行预测。例如，对于将于2018年春夏季上市的系列，趋势预测师最早要在2016年夏季就开始研究和分析。

这个时间表为制造工厂（生产过程的第一步）提供了足够的时间来生产塑造趋势发展所必要的特定颜色和质感的纱线、面料。演出服、运动服、户外服装和面料生产商的交货周期通常长于18~24个月，这类产品在本质上往往比其他产品更具技术特性，需要更加费时的过程，而且可能涉及更多新技术或表面处理的因素，研发和测试这些产品可能比简单的棉质运动T恤需要花费更长的时间。

一旦预测专家在如巴黎服装面料展（Premiere Vision）这样的贸易大会中评估了工厂可以提供的颜色和面料，并且已经确定了关键的方向，他们就会预测印刷、图案以及关键的轮廓，并将其转化为设计样本。然后，设计师与买手和跟单员合作，将他们的想法形成完整的产品系列，零售商从中选择要放在商店里的商品，而营销人员则选择要通过广告和公关推广的商品。

趋势会在生产过程的不同阶段被检验，每个阶段服务于下一个阶段。来自机构或内部专家的见解有助于在不同阶段发展和实现趋势，具体如下。

趋势时间表

提前24个月	提前20个月	提前18个月	提前12个月	提前6个月	
	纱线/纤维 材料、织物和针织制造商	**宏观趋势** 行业中的跨部门专家（色彩、材料、消费者/生活方式研究员、设计师）	**印刷（提前12~18个月）** 图案和印刷设计师	**范围扩大** 产品设计师、买手和跟单员、生产技术专家	
色彩/面料 色彩、面料和表面预测专家			**产品设计** 服装、配饰、生活方式和家居设计师		**店铺工作现场** 销售人员、公关、市场营销、视觉陈列师

变化的时间线

虽然18~24个月是从趋势开始到实现之间的标准时间——为第43页中的所有元素留出足够时间——但现在趋势的时间线正在提速。

实时走秀

过去，T台的报道很少对业内以外的人士开放。如今，线上和社交媒体渠道广泛的报道意味着消费者可以在秀场上实时地看到新的趋势，而不用等上3~6个月，让编辑和设计师从百万造型中为消费者筛选出易于接受的趋势。因此，消费者对新鲜趋势的欲望正在加速——他们越来越不愿意为了新的设计师系列上市等上几个月，而数百万购买“快时尚”的消费者，期望这些主流趋势可以快速地到货。

快速零售

当许多设计师品牌仍在争取实现二三月秀场上展示的秋/冬系列在当年八月即上市时，得益于智能化生产模式，像飒拉这样的快时尚品牌已经可以在几周内将趋势从秀场推到全球店铺。这意味着不同趋势可以不同步，消费者渴望来自秀场的最新想法，无论它们源于哪个季节——一个来自秋/冬系列的颜色可能在秀场出现后的短短几个月就在店铺上市，而不需要像过去那样等上6个月。

为了防止消费者厌倦，博柏利（Burberry）和荷兰屋（House of Holland）等品牌允许它们的客户在走秀后立即订购他们喜欢的款式，人们还可以通过线上奢侈品零售商“网港”（Net-a-Porter）以及“在线衣箱秀”（Online Trunk Show）美国时尚电商摩达·奥普兰蒂（Moda Operandi）预定主推款式，这些服饰可以在几周到几个月后直接寄送给消费者——通常是在商品上市销售之前。

趋势跟踪

为了不落后于消费者的想法，许多零售商现在使用热门或应季的趋势跟踪，这种服务提供关键颜色、廓型和产品的实时报告。这使得品牌和零售商能够在这一趋势过时之前创造出跟随趋势的产品。

趋势的种类

趋势持续的时间或短或长，通常分为短期狂热、趋势和经典。下图说明了趋势发展的不同速度。

短期狂热往往会迅速兴起，然后迅速消退，在短短几周或几个月的时间里从早期接受转向大众市场；而趋势的发展则较为缓慢，通常是在几季甚至几年的时间里。对于趋势预测师来说，这是一个“最佳点”，因为在1~2年的发展过程中，会有足够的时间让一种趋势转化为可销售的产品（参见第43页“趋势时间表”）。

一种趋势可能会因为它的新鲜和有趣而成功，但它只有提供更深的意义，以及对人们的生活更有用时才能长久。例如，最近流行在任何搭配中穿着高科技的运动鞋，这让消费者对功能性和舒适性有着持续的渴望。

对页：
◀2016春/夏博柏利秀场，在这场秀中，博柏利第一次采用了从秀场到消费者的直接销售

短期狂热、趋势和经典的发展

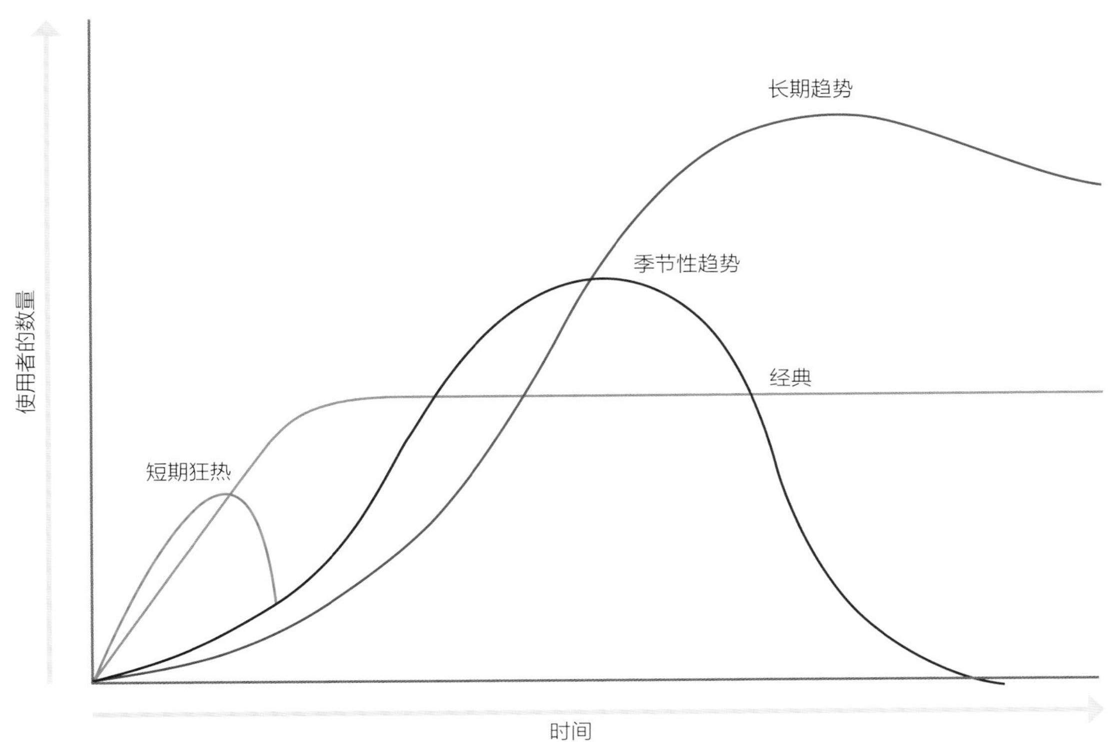

短期狂热：3~6个月（Fads: 3–6 months）

时尚是一种小众风格或产品，寿命很短（通常只有几个月）。时下流行的东西通常在当时被认为是“必需品”，但消费者很快就会厌倦它们，不太可能重复购买：一件单品就足以满足消费者的时尚需求。

在许多情况下，趋势爆发得越快，它就消失得越快。短期狂热的核心往往是一件古怪或新奇的产品，它们的用处有限（用时尚术语来说，就是耐穿性有限）。另一个限制短期狂热成为趋势甚至经典的因素是，它们对受众的吸引力有限；只有特定的人群对它们感兴趣或能够接受，如城市青少年或时尚圈内人士。主要的短期狂热案例包括20世纪80年代的蓬蓬裙、2000年年末的新锐风格，以及2014年超级朴素的性冷淡风。

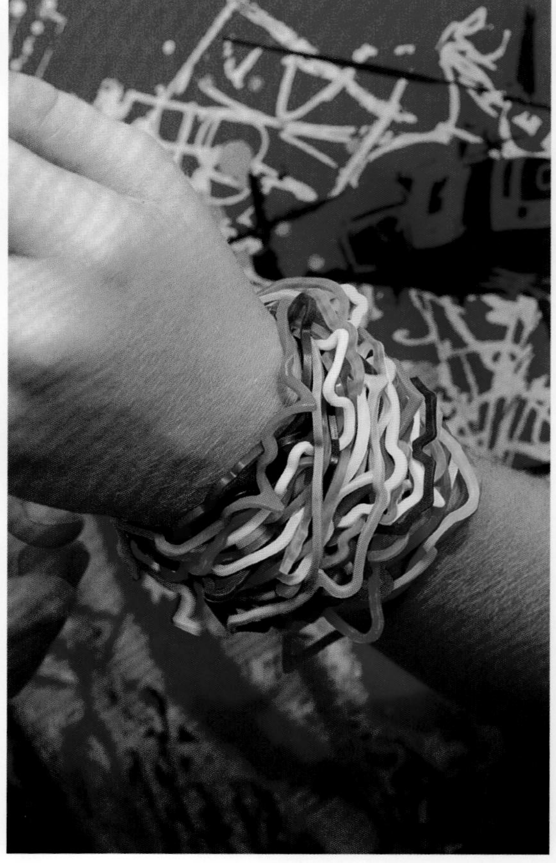

趋势：6个月~5年（Trends: 6 months–5 years）

趋势是指一段时间内流行起来的一种风格或产品的种类，它影响着广泛的消费者、品牌甚至产品类型。在失去人气、变得过时，或者更糟糕变得不酷之前，许多人会使用一些关键的趋势。

时尚趋势的生命周期可能不同，但成功的例子至少要持续一季（季节性趋势），或继续发展成新的形式，或被新的消费群体使用几年（长期趋势），如防水台高跟鞋或戏服。与短期狂热不同，一种趋势有可能产生长期影响，甚至成为一个新的经典。

季节性趋势：6~12个月（Seasonal trends: 6–12 months）

这些往往是秀场风格影响的趋势，表现为关键产品、颜色、廓型或整体的造型风格。它们在当季成为主打款式——例如，叠穿牛仔服或一件“高级定制运动衫”，但随着消费者转向下一个趋势，它们在6~12个月后逐渐过时。

长期趋势：5年（Long-term trends: 5 years）

持续约5年的趋势将被归类为长期趋势。持续时间超过几个季节的趋势往往集中在某些关键的物品上，这些物品的外形会随着时间的推移而变化，如带有隐藏（或连体）厚底的高跟鞋。从这些高跟鞋上市（2007年YSL Tribute推出的3厘米防水台高跟鞋），到2011年约6.5厘米防水台的恨天高，它们变得越来越高、越来越尖。

这些趋势往往标志着一个时代的到来，并最终成为那些想要看起来时髦的消费者的必需品。这是一种“慢热”的趋势，消费者可能会以几种不同的方式入手，例如，购买几条紧身牛仔裤或不同款式的厚底鞋。

对页，从左至右：
◐模特阿格妮丝·迪恩（Agyness Deyn）穿着马汀博士（Dr Martens）的靴子，她帮助这种靴子成为一种长期趋势
◐学校操场创造、扼杀了许多短期狂热，如动物造型的橡胶腕带品牌傻瓜皮筋（Silly Bandz）

经典：10~25年（Calssics: 10-25 years）

经典是一种具有大众吸引力和实用性的外观或物品，通常被认为是现代的"必需品"——大多数人以某种形式拥有的一件物品。从时尚的角度来说，这可能意味着一件重要的衣服，例如，风衣、"小黑裙"或牛仔裤。虽然经典作品不断地生产、销售和使用，但它们也在不断地发展，以适应每个时代。例如，牛仔裤的形状和颜色会根据当前的趋势而变化，从喇叭裤、靴裤和紧身裤到水洗、彩色和破洞的款式。

长期趋势可以演变成经典。最近的一个例子是无所不在的紧身牛仔裤，它最初被视为一种前沿时尚；然而，它的舒适性和适应性使它成为一个新的经典，任何性别、年龄和背景的人都穿着它。

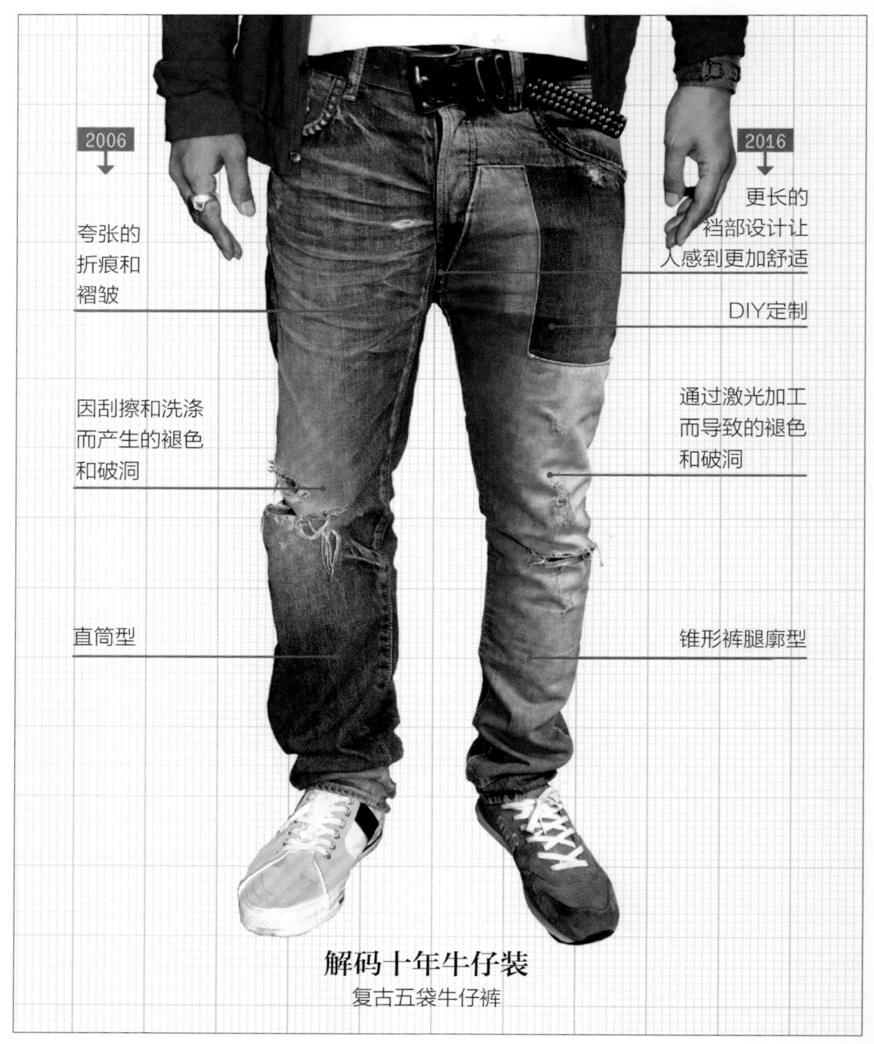

◎即使是像蓝色粗斜纹棉布牛仔裤这样的经典款式，也会随着时间的推移而演变。由《视点》（*View2*）杂志提供的图说明了在过去的10年里男士牛仔裤款式的微小变化

限制因素

所有这些因素都会对趋势产生积极或消极的影响——对一种趋势来说，过多或过少都会过度曝光，或将其限制在小众的范围。

★ 明星使用/推荐（例如，金·卡戴珊穿着腰部装饰的短裙（Peplum），引起了大家对这种廓型的强烈兴趣）。

★ 新品牌（例如，维特萌（Vetements）的流行带动了磨损牛仔服和恶搞品牌T恤的流行趋势）。

★ 媒体的讨论。对媒体中特定趋势的抵制或支持，可以促进或阻止这种趋势的发展，例如，超级透明的红地毯礼服。

★ 最直接的朋友和家人。你周围的人的态度和信念可以阻止或促进你购买某些物品或影响你穿着的方式。例如，一个保守的社会群体可能会阻止大胆的服饰或造型。

★ 文化显示度。据传闻，被电影《低俗小说》（*Pulp Fiction*）中乌玛·瑟曼（Uma Thurman）饰演的角色涂过之后，暗红色（Rouge Noir）指甲油的销量大增。

★ 可获性。太多（饱和）或太少（稀缺）。

假名牌包。时尚的手袋设计（或称“It包”）很受追捧，也被广泛抄袭，但赝品可能会限制这种手袋趋势的发展

流行周期

时尚界只有那么多的新创意，所以潮流往往是循环往复的。部分是由于时尚的本质——总是在寻找新的想法和新的美丽造成的。一件一整年都很时髦的衣服，几年后就会变得非常不时尚，这让那些仍然穿着它（或试图推销它）的人显得过时或落伍。但许多年后，这一趋势可能会以一种新的活力和新的穿着方式再次回归——例如，垫肩在20世纪80年代，人们曾在套装中穿用它，但在21世纪初它又以讲究身材的礼服形式回归。这就是流行周期。

趋势预测专家必须监控趋势消退和回归的方式，以确保他们领先而不是落后于趋势周期。在这里，我们将探索关键趋势的周期，以及复古的灵感如何每隔几十年就会返回。

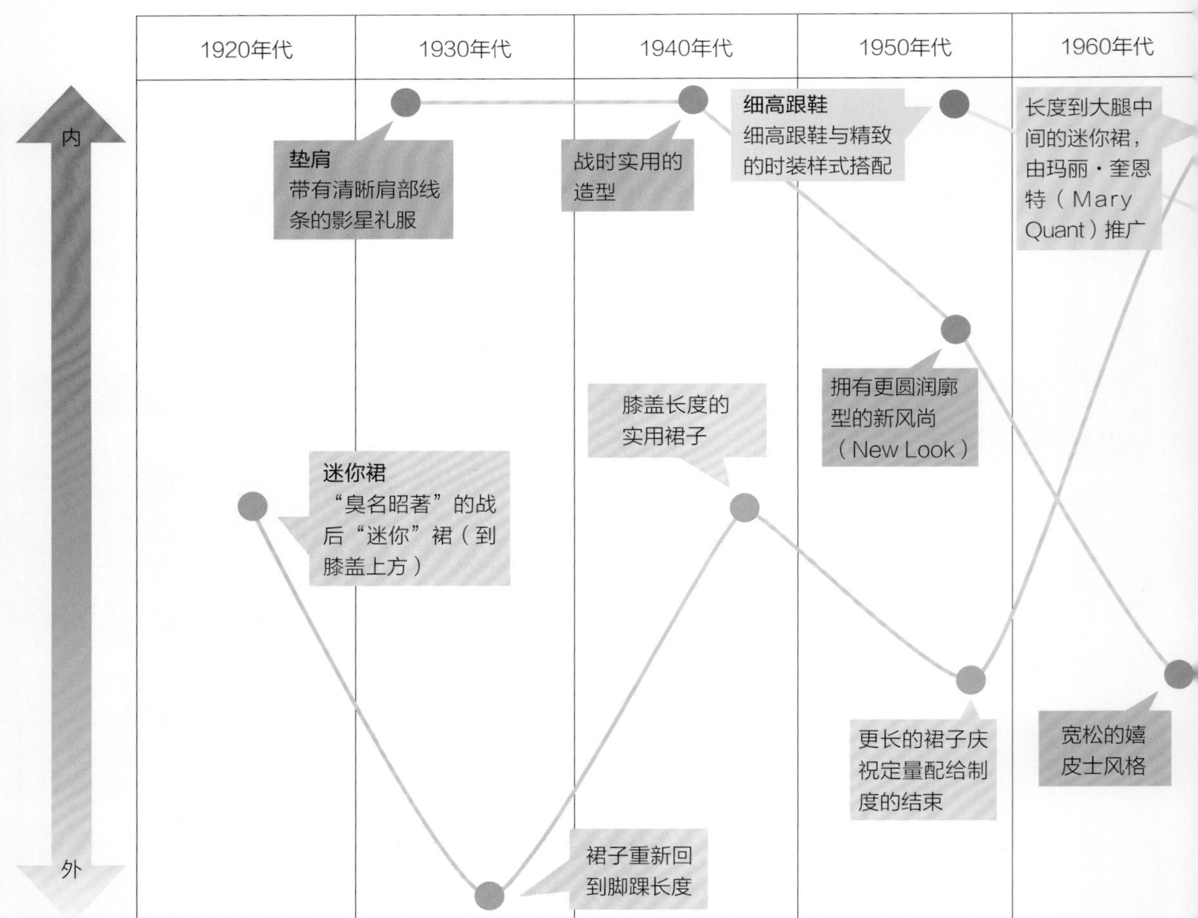

关键时期的标志性外观往往会在20年后再次出现——例如，2000年代受1980年代影响的时尚，或是1990年代的极简主义和垃圾摇滚在2010年代的回归。

有几种理论解释了发生这种情况的原因。一些人认为，20年是两代人之间的标准差距，年轻人的灵感来自他们父母在相同年龄时穿的看起来很酷的衣服。也可能是怀念那个时代的生活方式，或参考几十年前的生活方式来理解当前的时代，如1980年代末和1990年代初的狂欢文化（称为“第二个爱的夏天”），就调用了1960年代“花之子”（Flower Children）的乐观嬉皮风格。

另一些人则认为，一种风格需要大约20年的时间才能经历流行、过度曝光、过时和被遗忘阶段，直到它被新一代重新发现并采用为止。

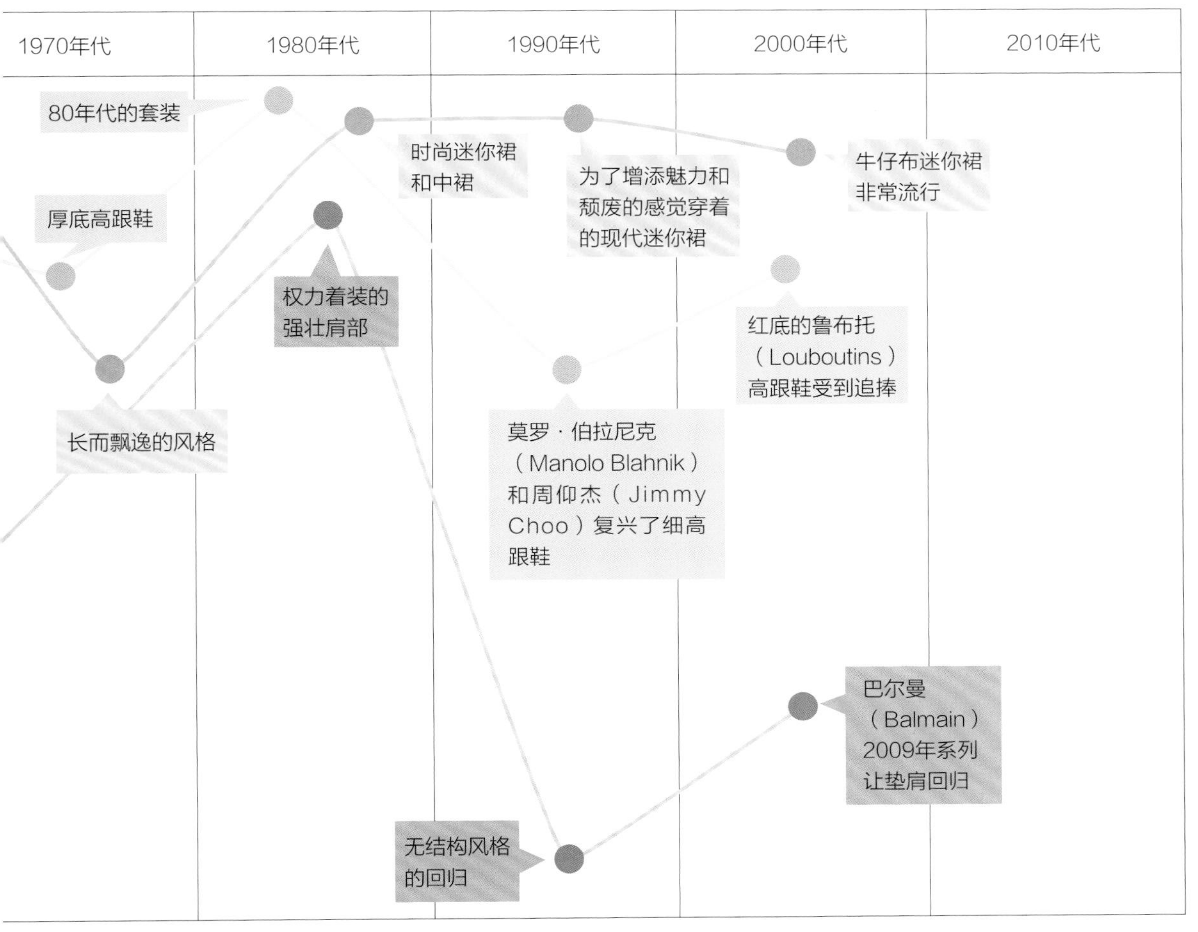

趋势影响者

时尚趋势并非凭空而来——它们来自多种想法和信息，并由时尚专业人士或流行文化偶像等关键影响者推动和发展。这些可能会影响一个趋势的生命周期，以及它的受众。

趋势影响者已经从皇室和超级富有的社会人物转变为设计师、名人，以及街头明星（请参见第一章了解更多关于历史性影响者的详情，参见第54页了解不断变化的趋势影响者）。在这里，我们探索从街头风格到高级时尚，各种影响因素如何帮助塑造趋势。

直到最近，趋势的主要影响者都是技术娴熟的行业专业人士——他们以创造或传播新产品为生，周游世界以跟上正在发生的事情（见下面的“传统影响者”）。下面所列的清单并不是详尽无遗的，但包括一些关键人物，他们通过视觉化、传播或具体化，来让想法变成一种趋势。根据罗杰斯的创新扩散模型，他们是创新者和早期采用者，是他们推动了趋势。

传统的影响者

★造型师
★编辑
★作家
★设计师
★零售商
★名人
★戏服设计师
★模特

新晋的影响者

★街头风格明星
★博主和其他社交媒体明星
★有创意的消费者

◉巴宝莉2012秋/冬系列，前排。现在明星与时尚业内人士一起坐在秀场的前排。
从左到右：小威廉·詹姆斯·亚当斯（Will.i.am）、艾里珊·钟（Alexa Chung）、杰瑞米·艾文（Jeremy Irvine）、克蕾曼丝·波西（Clémence Poésy）、埃迪·雷德梅尼（Eddie Redmayne）、罗西·汉丁顿-惠特莉（Rosie Huntington-Whiteley）、马里奥·特斯蒂诺（Mario Testino）、凯特·波茨沃斯（Kate Bosworth）和麦克·鲍力施（Michael Polish）

◀2015年，宝莱坞女演员艾西瓦娅·雷（Aishwarya Rai）在戛纳电影节上亮相。名人在红毯上的穿着风格会影响时尚趋势，尤其对于礼服来说

红毯效应

走红毯的名人，以及那些为他们装扮和造型的人，在趋势中的影响力越来越大。值得一提的是，礼服尤其会受到红毯风格的影响，但领口、颜色、装饰和廓型等细节也会影响其他产品类别。

社交媒体、时尚博客，以及电影首映式、艺术活动和颁奖典礼的新闻报道，都有助于展示明星们所穿的礼服和剪裁，这可以鼓舞消费者，同样也可激励设计师。在红地毯上停留的几分钟有助于传播设计师作品的吸引力，否则普通消费者是看不到的。

许多品牌现在都把红毯作为宣传品牌设计和品牌名称的关键途径。每年，全球都有数亿的人观看好莱坞和宝莱坞颁奖典礼，既为了时尚，也为了颁奖。

“一般来说，电影和媒体对公众有很大的影响：公众认同名人，名人会影响他们对穿着的选择。这种‘从红毯到零售商的联系’源于公众对明星光环的认可。事实上，这几年我们已经收到了好几份与红毯上的服装一模一样的订单，这也证实了我的工作，甚至对明星们来说，这不是一次风格尝试，也不是最终目的，而是基于牢固而真实的理念。例如，在乔治·克鲁尼（George Clooney）的婚礼之后，我们发现想要购买三件套西装的人增加了，就像他在婚礼上穿的那件一样。”

乔治·阿玛尼，2015年2月，引自WWD.com

然而，别忘了，虽然明星身上穿的衣服很有影响力，但他们很少自己选择这些衣服，这些衣服是由经验丰富的时尚专业人士——造型师，为他们挑选的。

不断变化中的趋势影响者

那些影响趋势的人，以及他们影响趋势的方式，正在不断地发生改变。尽管许多时尚趋势仍是从传统影响者“涓滴”到其他人群，但同样有可能的是，时尚趋势由消费者自己创造，最终影响高级时尚（“自下而上”的趋势）。在这里，我们将探讨趋势如何从传统或新晋影响者传播到市场的其他部分。

“涓滴”理论（Trickle-down theory）

富裕、人脉广泛的“精英”消费者会购买最新的产品，他们迷人的、令人向往的生活方式鼓励了社会地位较低的消费者以更廉价的主流产品效仿他们。为了保持精英的地位，富裕的消费者通过购买新潮的时尚来区分自己，而贫穷的消费者还负担不起（但最终会模仿）这种新时尚。这样，社会秩序顶层的消费者所采用的趋势就会下渗到市场的不同层面，从而影响处于社会底层的消费者的穿着方式。

涓滴效应

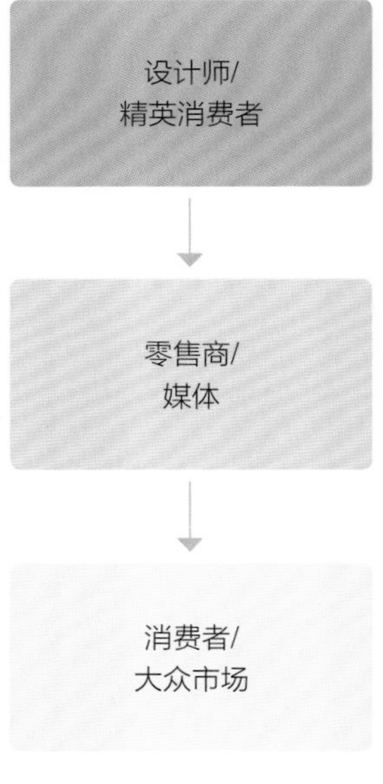

1995年的戴安娜王妃（Princess Diana）。精英阶层，如皇室、名人以及其他富有的消费者一直引领着趋势，因为他们有能力持续购买和尝试新的时尚。这些时尚被时尚专业人士和零售商模仿，然后被大众市场所消费

沸腾理论（Bubble-up theory）

设计师和时尚影响者也会受到小众群体、小众风格和亚文化的启发，并帮助他们将审美推向大众——从地下到主流，再到秀场。这个观点也被称为“上升理论”（Trickle-up theory），认为那些“在底层”的人会影响那些“更高层”的人。多年来，研究亚文化和小众群体一直是设计师寻找灵感的一种常用方式，1966年，伊夫·圣·洛朗的里夫·戈切（Rive Gauche）系列，就受到巴黎左岸避世派风格的影响，成为其最著名的系列之一。其他设计师也从非主流世界中汲取灵感，例如，俱乐部文化、地下音乐现场、土著部落、青年亚文化和极限运动等。

大量采用亚文化或风格部落的做法在商业上很少奏效，但预测者可以通过小众媒体和艺术家，以及被年轻人或街头采用的风格元素（服装、造型、配饰、品牌），来发现这些群体日益增长的影响力。

上升效应

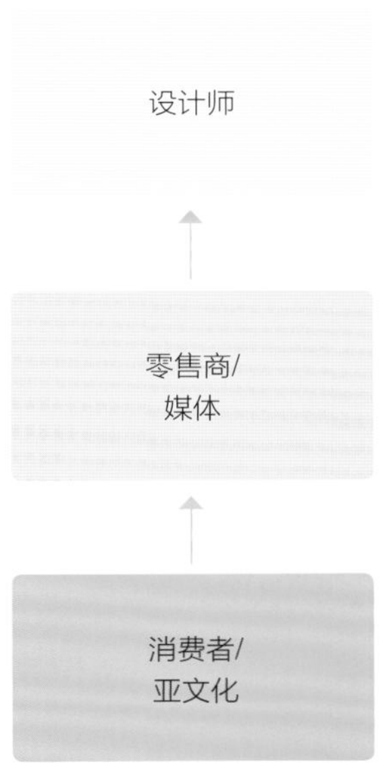

时尚的消费者——经常在时尚街拍中看到——和时尚部落的成员可以推动趋势发展，然后被零售商和设计师时尚品牌所采纳

漫渗理论（Trickle-across theory）

漫渗理论表明，趋势在市场的各个层级上都是同步的，而不是随着时间的推移自上而下，或自下而上。当一种趋势可以适用于多个价格点和不同类型的消费者时，就会出现漫渗趋势。最近的一个例子是2013/2014年度的淡粉色冬季大衣，它曾是秀场上的一件主打单品，但同时也在设计师、中端市场和快时尚领域占据一席之地，这意味着无论消费者的预算是多少，他们都可以购买。主流零售商基于关键的设计师作品，创造出他们自己的版本，自20世纪30年代以来，这样的做法更容易被接受，漫渗类型的趋势也随之变得越来越普遍。

漫渗理论

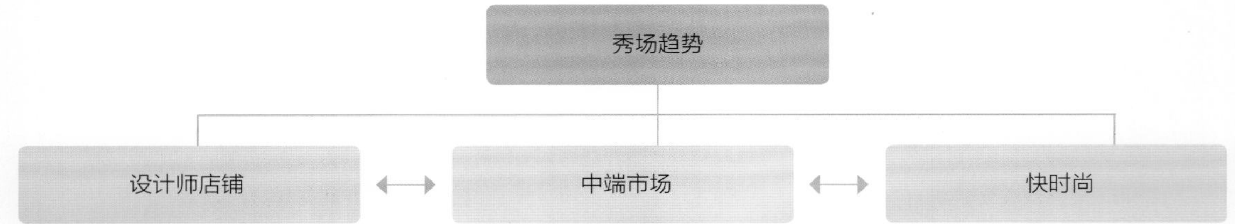

添柏岚（Timberland）工装靴的趋势已同时扩散到市场的各个层面，同时被设计师品牌、消费者和名人接受

新的生态系统（New ecosystem）

虽然“涓滴”理论、沸腾理论和漫渗理论依旧普遍，但现在确定趋势发展的方向却变得更难。民主化的时尚和网络媒体意味着，一种趋势可以从中端市场开始，向高端和低端扩散，也可以从亚文化直接进入奢侈品牌，却不会触及主流。

与过去几十年相比，现在的主流时尚趋势也不那么占据主导地位了，消费者不像过去那样愿意采用单一风格（如“棕色就是新的黑色”口号）。因此，趋势的发展过程并不总是清晰的，特定的趋势可能只存在于市场的一个层级，而其他的趋势则会在不同的时间抵达不同的社会阶层，使得各种趋势更像是一个生态系统，而不是一个简单的流程图。

新的生态系统：传统的（左）与现代的流动

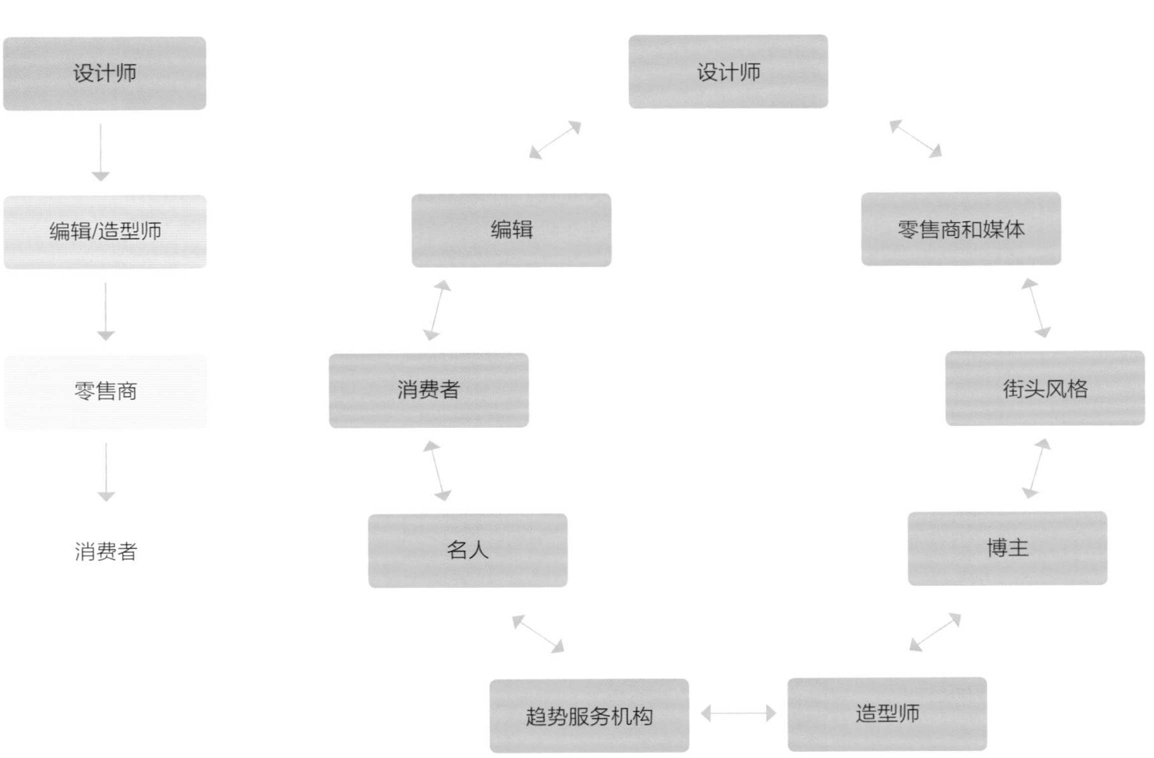

行业人物
阿奇·乔克拉（Aki Choklat）

简介：

阿奇·乔克拉是国际知名的时尚和鞋履设计领军人物，从设计到生产，在时尚行业有着广泛的经验。乔克拉毕业于英国皇家艺术学院（Royal College of Art），是他自己鞋履品牌的总监。同时，他也是一名设计和趋势顾问，他的客户包括哈雷-戴维森（Harley-Davidson）、卡特彼勒（Caterpillar）、彪马（Puma）、沙勒胡卜（Chalhoub）以及一家领先的中东奢侈品零售商。他还在意大利柏丽慕达（Polimoda）时装学院开创了时尚趋势预测硕士项目，并领导此项目长达五年。目前，阿奇是美国底特律创意研究学院时尚配饰设计课程的主席和副教授，在那里，他将趋势思维融入课程中。

您是如何进行趋势研究和预测的？

我的趋势研究方法非常直观。一开始我尽量不太系统，而选择保持开放的心态。我更多地关注宏观的文化现象，以理解我们作为一个社会的前进方向。最终我们想要了解的是人们在消费之前的思维模式。

您运用哪些方法？

我总是用文字记下或用画笔画下一些我看到的好创意萌芽。我经常往返于我在美国的工作、欧洲的生意和大学课堂之间，课上我会讲那些我经常看到的有趣事情。我每年都要完成几本笔记，在需要过滤信息的时候回顾它们。所以我通常从文化观察、过滤信息和交叉引用开始，看看是否有一条设计路线可以发展成一种趋势。

您认为行业中的哪些部分对您的工作启发最多，是社会的、文化的还是美学的？

我喜欢时尚界的一切。我喜欢原材料的展会，以了解创新和生产的方向。我喜欢街头风格，喜欢有个人风格且拍摄有趣的人。我喜欢它的民主。我还对几乎每一场时装秀进行了分析，这可能不仅是作为一名趋势专家，还是作为一名时尚爱好者的身份。

您使用什么样的趋势预测服务商，专业的还是个人的？

我喜欢哥本哈根未来研究院和未来实验室，因为通过它们可以获得很好的免费内容。当然，沃斯全球风格网是我的“母舰”，我用它来获得全球时尚零售的认知和以消费者为导向的顶级流行趋势（我作为顾问长期从事的领域）。

您认为时尚界对趋势的使用正在发生怎样的变化？

趋势机构曾经处于强势地位，因为它们帮助企业更好地把握方向。现在网上有这么多的信息，很多行业都可以自己进行趋势研究。我认为这是一个大问题，因为现在比以往任何时候都更需要专业的帮助。许多时装公司盲目地下载趋势报告，并把它们钉在公告板上，然后根据这些报告进行设计。我不认为应该这样做…趋势提供了巨大的灵感来源，但是如何解释信息却变得更加困难。

一个趋势预测师不能缺少的东西是什么？

一本用于记录你的经历的笔记本。你是最好的浏览器。

什么最能启发您？

有创造力的人。音乐家、制作人、作家……那些能做我不会做的事的人。同时，优秀的人也激励着我。在设计和时尚界，我喜欢接触年轻的头脑和创新者。我也从城市和它所提供的一切中获得灵感。东京会启发我。

什么工具——网站、博客、书籍、地点、物品，是您不可或缺的？

我有一个广泛的阅读清单，但阅读从格奥尔格·西梅尔（Georg Simmel）、索斯坦·维布伦（Thorstein Veblen）、沃尔特·本雅明（Walter Benjamin）到埃弗雷特·罗杰斯和理查德·道金斯（Richard Dawkins）的书籍是惯常必需的。对于当下的阅读，则是喜欢时尚杂志，如《车库》（*Garage*，时尚杂志）和意大利版《时尚》。我曾试着弄到日本所有的小众群体杂志，如《大力水手》（*Popeye*）和《自由与轻松》（*Free & Easy*）。在视觉方面，我喜欢《伏特》（*Volt*），对《过剩》（*Plethora*）杂志也很着迷。网站方面，当然是秀作室（SHOWstudio），还有千洞网（khole.net）以及迪斯杂志网（DIS Magazine.com）。

您是如何涉足趋势预测行业的？

从英国皇家艺术学院毕业后，我的第一份工作就是在伦敦的一家机构宝利奥克斯（Bureaux）中做预测工作，Bureaux与《视点》杂志合作，并且有一些国际客户，他们当时想找一个鞋履方面的专家，就联系了我。这是我第一份有关趋势的工作，我非常热爱它。

您会给那些想要进入趋势预测行业的人哪些建议？

学习社会科学与学习时尚和时尚文化一样甚至更重要。如果你热爱时尚之美却不想成为一名设计师，或者你也热爱时尚商业却不想成为一名商业分析师，那么在这中间，趋势预测是一条不错的道路。

博主的兴起

时尚信息的流动正在演变，让消费者和非专业人士有了发言权。在消费者驱动的时尚影响因素中，最明显的变化就是时尚博主的崛起。在2004年左右，自从用户开始在网上记录他们的个人风格后，这些精通技术和媒体的专家变得越来越有影响力。他们的“局外人的观点”比传统时尚杂志的独家观点更能引起时尚消费者的共鸣。

拥有博客、相机、强烈的个人风格以及对时尚的热爱，博主们对时尚品牌、媒体和产品给出了不加修饰的看法。在这个过程中，他们吸引了全世界数以百万计的读者，这些读者被博主们对时尚和趋势的诚实和诙谐所吸引。一旦品牌意识到博主对粉丝的影响力有多大，如粉丝们会抢购他们最爱博主的最新推荐和“最爱”，博主们也就开始摆脱行业的嘲笑了。那些被博主称为“必备”的产品很快就会销售一空，而且他们完全可以只根据自己的兴趣带动趋势。

如今，博主已经成为塑造现代时尚的一分子，他们把自己的读者带入了时尚界的封闭圈子，从而对新趋势产生了强大的影响力。现在，领先的时尚博主被主流设计师所追捧，并且参加了许多以前专属于“圈内人士”的活动。

▲莉安德拉·梅丁，有影响力的时尚博主，时尚网站曼瑞派乐的创始人

练习：跟踪一个趋势的演变过程

使用本章详细介绍的有关趋势的基本技能，跟踪一个趋势的演变过程。选择一种颜色、关键物品或风格趋势，并监测它如何从一个想法演变成一个完全现实的趋势。针对你选择的趋势，在传统媒体和线上媒体中寻找视觉案例，并分析这个趋势的方向——它是在增长还是在消退？

这些资源可以帮助你跟踪一个趋势

★杂志、报纸或博客中的文章。

★你认识的人、你在街上看到的人，或者你在社交媒体上关注的人。

★电视节目、音乐录影带、展览、电影。

★红毯新闻、名人风格。

使用杂志剪报和其他实物资源来创建一个趋势跟踪板，或者你可以使用数字书签，甚至汤博乐博客来将所有的参考资料保存在一个地方。

调查一个现有的趋势是如何演变的

★这个趋势是在哪里起源的？

★它是如何演化的？

★谁是关键的影响因素？

★这个趋势是沸腾型、涓滴型还是漫渗型？

★你认为这是一个短期狂热趋势、季节性趋势，还是一个长期甚至是一个经典趋势？

★思考为什么这个趋势会变得流行。

★哪些群体目前正在推动这一趋势（如早期多数派、落后者等）？

观察一个现有的想法如何演变为一个未来的趋势

★寻找你感兴趣或者对你来说不寻常或新鲜的一件物品、一种颜色组合或风格。

★记录下你看到这个点子出现的地方——街头风格、社交媒体、秀场、商店、杂志还是红毯。

★这个想法来自哪里——传统的影响者还是新的影响者？

★这个想法如何演变成一个完整的趋势？

★思考哪些因素可能会令这一趋势更受欢迎。

★目前是哪些群体正在推动这一趋势（如创新者、早期采用者等）？

一旦你确信你可以识别一种趋势是如何发展的，你就可以运用你的技能来观察一个趋势的实时变化。

ELEPHANT
HOW TO MAKE A DENT IN THE UNIVERSE

smith
JOURNAL

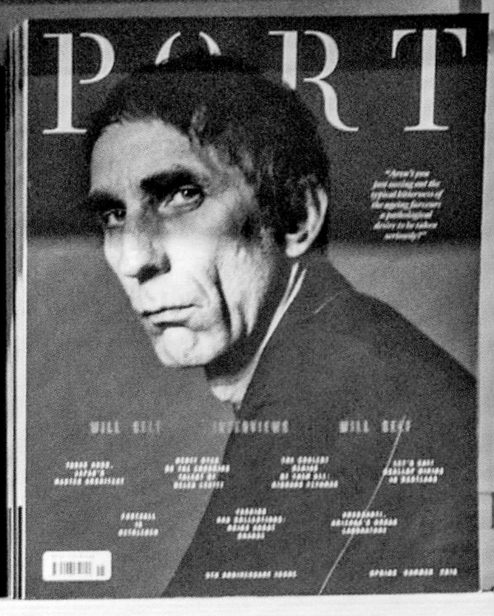
PORT

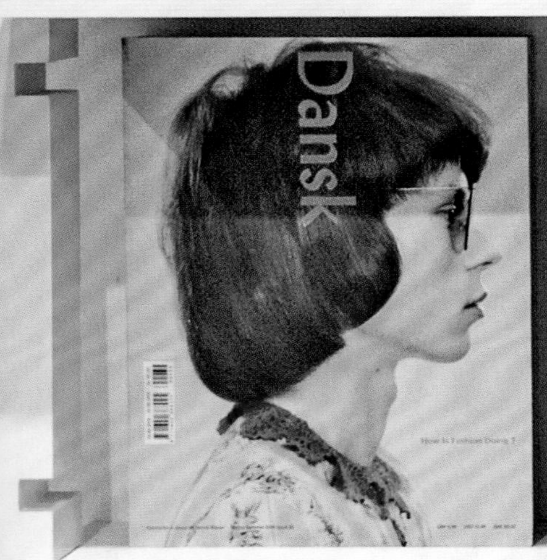
Dansk

CEREAL
TRAVEL & STYLE
I. TOKYO II. SEATTLE III. VIENNA
IV. DONALD JUDD V. OUR LEGACY VI. FOGO ISLAND

KINFOLK

oh comely
It's spring!
We celebrate with stories and sisterly spirit!

RE-EDITION
wehaveeverything & wehavenothing

LOVE
CLUB
LILY ROSE
DEPP

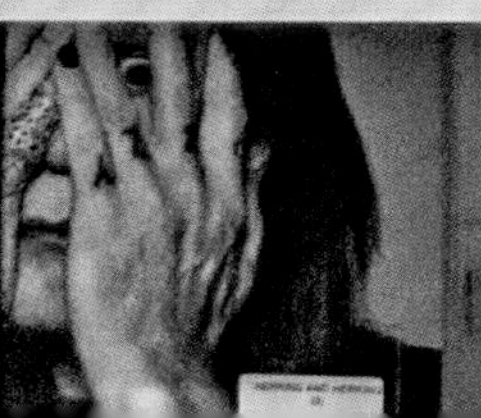

'I wanted something calm'

第四章

时尚趋势研究

本章探讨如何寻找创意和灵感——从何处发现新事物，以及如何把握时代精神，并寻找萌芽阶段的新兴趋势。

首先我们将了解相关趋势理论和行业运行机制，然后对趋势调研的起步、创意的管理以及利用本能的一些实用方法进行研究。我们将审视研究的关键领域，从流行文化到科学技术。同时，我们还将了解如何获得第一手资料和对二手资料进行研究，了解个人参与和实物研究的重要性。好的趋势创意来自多元的资料来源和丰富的研究方法，因此我们鼓励你采用横向研究的方法——因为你永远不知道下一个好主意来自何处。

与做研究同样重要的是管理你的资源和创意，以便之后检索或参考。本章详细介绍了一些对你所获得的创意进行人工和数字管理的方法。

◐时尚与设计杂志对于趋势研究获得图像和创意是很好的出发点

调研

本节将介绍查找信息的目的、原因和地点，从而为流行文化、设计、娱乐和生活方式提供信息并总结趋势。

起步（Getting started）

首先建立一个你可以定期查找获取灵感与创意的资源库。找到你喜欢的有大量信息、图片或者仅仅是独特观点的媒体、场所和网站。以下几页中的类别和资源将帮助你开始你的调研。

不要把你自己限制在时尚信息来源方面。最强大的趋势基于广阔领域的深思熟虑和极不寻常的小众来源，所以第一步应该是超越时尚世界。否则，你将仅仅是在现存市场中拾人牙慧，而不是将其推向前方，毕竟那才是流行预测的真正目标。

提示

在网上检索时要横向思考。浏览你喜欢的资源，但也需要通过检索相关的链接或阅读相关的故事来寻找灵感之泉。同时，有必要探索与你的调研主题相关的专业媒体和网站，如科学期刊或产品网站。

◐右图：古驰2017时装秀在伦敦威斯敏斯特教堂的回廊展出
◑对页图：杂志页是非常有用的灵感来源

时尚（Fashion）

是什么

如果你正在进行时尚趋势预测，创建时尚资源是开始调研过程的简单方法，浏览时尚杂志（从小众杂志到主流期刊）和时装秀场图片、出席时装发布活动和预展都是不错的选择。

为什么

如果你无法将你的想法提炼为可行的调研方向，回顾时尚资源有助于解决现实问题，但是更多的时候，这是为了与行业发展保持一致，从而使你处于时尚趋势的顶端。

在何处

尽可能地参加时装秀。时装秀的现场氛围能够让你知道哪些设计能够引起媒体和买手的共鸣。

- ★ 观看现场直播的时装秀或视频。
- ★ 关注时装秀网站，如猫步网（catwalking.com）或大树网（imaxtree.com），这些网站会提供关键材料、细节、配饰和妆容的特写图片。
- ★ 看看趋势预测服务。
- ★ 阅读主流媒体或时尚消费网站关于时装秀的报道，如风格网（style.com）。
- ★ 随时了解媒体——行业类或消费类时尚杂志，这能够帮助你了解主要的时装样式以及目前的时尚趋势正在以怎样的方式被消费者接受。
- ★ 关注重要的时尚影响者，如编辑、造型师以及社交媒体上的时尚博主，获取最新的时尚报道和对于重点系列、款式的看法。

2014罗达特（Rodarte）秋/冬系列受到《星球大战》（*Star Wars*）电影的影响

流行文化（Popular culture）

是什么

对于主流品牌或快时尚品牌而言，了解流行文化的发展是很重要的。哪些音乐家、名人、电影、电视节目和事件是大家都在谈论的？由这些事物所构成的时代精神与思潮也影响了时尚趋势的形态和进程（参见第一章，第8~11页）。

为什么

新的娱乐（风靡一时的电视节目如《权利的游戏》《广告狂人》）以及经典作品的重播或重新发布［如《星球大战》、《银翼杀手》（*Blade Runner*）］尤其具有影响力。电影长期以来影响着时尚，如1986年以曲棍球为题材的电影《血性小子》（*Youngblood*）对设计师斯图亚特·维福（Stuart Vevers）2016/2017蔻驰秋/冬系列的影响。电影可能因其服装设计、制作设计、电影艺术或其他信息启发或影响时尚。电影通常由多年前开始筹划（和展览一样），这些都有助于塑造时代精神。

在何处

★ 杂志封面
★ 主流媒体报道
★ 社交媒体热点
★ 电影院和电影节等活动
★ 水吧闲聊

提示

为你的市场建立专家信息源并持续跟进，或知道去看哪些资源，保持见多识广并能回应任何咨询。

例如，特殊场合着装设计师会去看高级定制、婚纱和婚庆市场，以及明星、红毯照片、奢侈品面料和物料展会。

男装设计师则会看牛仔服装、萨维尔街定制服装、名人、运动员，以及音乐文化、零售、餐饮、科技和建筑等方面的资讯。

街头风格（Street style）

是什么

街头风格对于时尚的影响力日益突显——尤其对造型设计、青年文化、牛仔和活动服潮流影响显著。时尚专家、博主（参见第25页）和其他时尚人士所推崇的服装造型可以开创全新的时尚趋势，并向公众展示哪些品牌和设计正在引起潮流先锋的兴趣。时装周可以提供丰富的街头造型风格，但有许多博客、杂志和网站全年记录街头时尚，例如，网站野兽派（The Sartorialist）以及定期进行报道的服务机构，如沃斯全球风格网络。

为什么

时尚活动并不是唯一寻找创意和造型灵感的途径。类似音乐节这样的活动可为休闲装与特殊场合的着装提供灵感，而艺术与设计活动（参见“艺术”，第70页）的参与者可以提供更具方向性的造型灵感。

亚文化成员，例如，特殊音乐流派的粉丝，或特殊生活方式的人，更可能对趋势产生影响，因其本身就是某种关键造型的创意者或潮流先锋，这些潮流将通过时间的推移渗透到大众意识之中。

在何处

- ★ 街头风格博客
- ★ 个人风格博客
- ★ 照片墙和汤博乐
- ★ 时尚媒体——数字媒体和印刷媒体
- ★ 趋势服务机构——沃斯全球风格网络、流行趋势站等（参见第二章，第30~31页）

◐2017秋/冬东京时装周外。街头风格拍摄能够启发新的造型创意，也能够帮助发现新的品牌和趋势

▲伦敦哈克尼之家商店。创意零售店可以为新产品提供创意，同时展示新的品牌和设计

零售（Retail）

是什么

零售业研究，如比较购物，是检验不同品牌和设计师如何接近关键趋势的好方法，同时还可以提供新的创意，以及观察哪些趋势更受欢迎。

为什么

由于零售业是趋势发展过程的最终环节，因此零售业研究对于确认某一趋势比研究新兴趋势更具价值，然而调研精品店和专卖店商品的过程可以为时尚趋势研究获得新的灵感和思路。

在何处

★ 在街上。调研新开张的店铺，主要购物街区及新兴社区。

★ 数据趋势服务，如趋势分析（TrendAnalytics）、精选以及沃斯全球风格网络库存分析。

★ 时尚行业出版物，如追普士（*Drapers*）、《女装日报》（*WWD*）、《零售周刊》（*Retail Week*）、《国际运动服》（*Sportswear International*）、《鞋品新闻》（*Footwear News*）等。

提示

重要的是，当你为得到适合的材料而遍搜影响因素时，务必确保所有的原始资料都被浏览、保存和记录下来，以便用于归类和未来参考。用这种方式，你可以创建一个体量庞大、包罗万象的资源库，并且方便快捷、易于查找。这一实践过程还可以帮助你搜集创意，让你能够与当前的时尚趋势和方向保持一致。

设计（Design）

是什么

设计涵盖了广泛的技术与行业，包括建筑设计、产品设计到室内设计、家具设计、平面设计甚至家电设计。

为什么

设计师经常尝试使用新的材料和形式，为新的时尚趋势启发灵感。他们也能够提供关于空间、造型和轮廓的新想法，这些都能够启发时装设计师的工作。

产品设计

不断推出新产品。商贸展会提供了选择材料、色彩、造型和新样式的机会，在它们到达店铺或被零售商挑选之前占得先机。

建筑

建筑设计对时尚行业有很大影响。侯赛因·卡拉扬（Hussein Chalayan）、三宅一生（Issey Miyake）和戴斯·卡耶克（Dice Kayek）等设计师都受到建筑比例、规模和工程技术的影响。

在何处

★ 设计网站——建筑设计杂志网（Dezeen）、设计邦（Designboom）都很不错。

★ 商贸展览和展销会——米兰家具展（Salone del Mobile），巴黎、亚洲地区和美国的时尚家居设计展（MAISON&OBJET），伦敦设计节，埃因霍温国际设计博览会（International Design Expo in Eindhoven）。

★ 设计杂志——《眼》（*Eye*），《家居廊》（*Elle Decoration*），《框架》（*Frame*）。

★ 展览——纽约的库珀·休伊特博物馆（Cooper Hewitt），以色列的霍隆设计博物馆（Design Museum Holon），巴塞罗那文化中心（CCCB），伦敦设计博物馆，赫尔辛基设计博物馆。

★ 零售业调研——看看店面橱窗和人台以及网站和品牌简讯推广了哪些时尚趋势。

▲2015米兰家具展Flötotto站

艺术（Arts）

是什么

艺术是一个广泛的领域，但对于提供灵感非常重要，不仅因为你可以参与其他形式的创意，还因为其他创造者可以启发你的作品。从时尚趋势角度研究的关键领域包括当代艺术、戏剧和舞蹈。

为什么

艺术，尤其是视觉艺术，长期影响着设计师和时尚趋势。艺术和时尚的关联性很强，一些设计师通过艺术作品激发灵感，如伊夫·圣·洛朗著名的蒙德里安连衣裙。

在何处

想要让自己沉浸在新的创意之中，展览是最简单、最愉快的方式。在参观任何城市的时候，看看大型演出和有影响力的画廊。新锐或资深艺术家都可以提供关于色彩、质地和情绪的全新思路。此外，关键展览对设计、文化和时代精神有很大影响。展览日程通常提前几年公布，可以预测在你即将发布某一季商品的时候哪些因素将影响流行文化。例如，在2005年纽约大都会博物馆举办的纽约“珍品”展（Rara Avis）中推出了艾瑞斯·阿普菲尔（Iris Apfel）这一国际性的潮流偶像，改变了年长女性能够以及应该如何穿着的看法。

▲艾瑞斯·阿普菲尔在纽约“珍品”展中为她的时装做最后整理（这些作品来自艾瑞斯·阿普菲尔2005年设计的时装系列）。这次展览使这位当时已经84岁的纽约客成为时尚偶像

活动

纽约的军械库艺博会，巴塞尔的巴塞尔艺术展，香港和迈阿密的海滩，伦敦的弗利兹（Frieze）艺术博览会，威尼斯双年展。

戏剧

剧作家对于我们的生活方式和需求有着独特的观点，能够启发新的思维方式。通常，先锋剧院或公司会使用具有实验性的场景、音乐和剧装设计师，他们可以提供全新层次的灵感来源。

书籍

艺术类图书出版商即将出版和已出版的新书可以打开全新的视觉世界，从深入探讨艺术家的作品，到对小众艺术家或不为人知的本土艺术的介绍。

舞蹈

现代舞或实验舞团，如迈克尔·克拉克（Michael Clark）公司和赫法什·谢克特（Hofesh Shechter）公司，可以提供关于身体和肢体运动的全新视角。

左图：迈克尔·克拉克公司在2015年格拉斯顿伯里当代表演艺术节上的演出

右图：肯尼亚艺术家塞勒斯·卡比鲁（Cyrus Kabiru）的眼镜雕塑是当今对非洲印象转变的象征。在2016年巴塞罗那文化中心他与阿曼格·伊舒契（Amunga Eshuchi）合作的非洲大陆当代艺术作品展中展出

生活方式（Lifestyle）

是什么

通过观察消费者生活方式的趋势，可以使你处于了解人们如何改变旅行、社交、花费金钱和时间的前沿。全球消费者趋势服务机构定期提供关于消费者行为和生活方式改变的反馈信息，这些对于观察人口统计数据（如千禧一代和婴儿潮一代）和细分市场（如奢侈品和旅行）尤其有帮助。然而，优秀的趋势研究者可以独立完成这一工作。你可以通过主流媒体了解你所关注的市场和时代精神，从而找到新的时尚趋势。

为什么

这一类型的信息对宏观趋势和背景研究非常有用，能够为你的趋势研究提供背景信息。生活方式的信息类别包括健康、美容、旅行、汽车、运动和休闲——这些都可以为你的下一项研究提供创意。生活方式研究可以为时尚趋势提供宏观研究背景和深度，从而使你的趋势更有说服力。

在何处

★ 专家讲座——泰德（TED）演讲、讲座、创意研讨。

★ 机构、公司和网站——来时恩全球（LS:N Global）、蛋白质（Protein）、皮斯福克、卡桑德拉报告（Cassandra Report）、斯特莱斯、菲斯·波普考恩的脑力储备等。

★ 报纸——印刷或线上。

★ 广播——美国公共广播（NPR）、英国广播公司（BBC）广播4台。

★ 新闻和时事杂志——《时代周刊》（*Time*）、《经济学人》（*The Economist*）、《大西洋月刊》（*The Atlantic*）、《新共和》（*New Republic*）、《纽约客》（*New Yorker*）。

餐饮（Food and drink）

是什么

餐饮在社会背景中的影响力越来越大，近年来，人们对食品来源、风格样式和用餐体验的兴趣激增。

为什么

通过餐饮可以洞察消费者对于事物的优先选择权和愿望，同时，餐饮还提供了关于质地、色彩、外观和情绪的丰富创意。

在何处

★ 新开张的餐厅。

★ 杂志——如《四季》（*Kinfolk*）、《福桃》（*Lucky Peach*）。

★ 社交媒体——特别是拼趣和照片墙。

◘UsTwo公司开发的纪念碑谷（Monument Valley）游戏

数字文化与科技（Digital culture and technology）

是什么

我们工作和娱乐的方式越来越数字化。特别是电子游戏正在对趋势产生影响，无论是美学方面（如纪念碑谷）还是游戏本身所传达的信息（如山（Mountain）、抑郁独白（Depression Quest））。

通过研究使用互联网和社交媒体、游戏和前沿科技的新方法——从主流设备，如智能手机，到新创意，如虚拟现实一体机、外骨骼和人工智能设备——我们能够让创意不断发展前进。

为什么

随着我们将越来越多的生活时间花费在线上，数字文化成为当今的社会文化；诸如此类的美学、社群、行为和思想几乎都活跃于线上。数字产业不断地创新，并引领你找到新的创意，知晓哪些形式和功能可能出现。

在何处

★ 研究机构——麻省理工媒体实验室、皇家艺术学院。

★ 科技类媒体——连线（Wired）、技术狂（TechCrunch）、玛丽・苏（The Mary Sue）、季斯模（Gizmodo）等网站。

★ 科技行业活动——消费电子展（CES）、西南偏南文化节（SXSW）交互大会、Lift会议、E3游戏博览会、世界移动通信大会、数字生活设计。

图像

在趋势预测中，图像是一个关键因素。图像是趋势要素的直观概览，可以帮助读者理解趋势背后的参考信息和所传达出的整体感觉。你应该能够理解这一趋势的整体内容，它的目标人群是谁，以及情绪板提供了哪些信息。

参见第五章中图像的各种来源，例如，杂志、书籍、网站、博客、摄影师、艺术家、时装和设计摄影、产品图片、新闻稿和个人摄影等。

提示

正在进行的研究对于趋势预测至关重要，可以让你更好地理解趋势是如何产生的。你可以每天花一点时间或每周用几个小时丰富或改善你的研究。如果研究的频次低于每周则可能会为理解趋势发展的真正含义造成困难。

当然，你可能会有紧急或临时项目，这些会将你带出现有的研究领域，这就是为什么有一套现成又可信的创意资源很重要的原因，如果需要的话，你可以让自己沉浸在新的研究领域里。

◆左图：法兰克福家纺展，趋势工作台上精心挑选的图像可以帮助描绘趋势创意

◆右图：在趋势研究过程的初期，情绪板上富有创意的图像

◘2010年，摄影师克里斯·桑德斯（Chris Saunders）为*Dazed*杂志拍摄的时装设计师里萨博·查岑因（Lethabo Tsatsinyane）。国际趋势旅行可以让你找到新的图片、图案、色彩和廓型，从而获得新的灵感

培养好奇心

一个好的趋势预测员需要擅长研究和查找图像，但是一位杰出的趋势预言家的关键品质是具有无限的好奇心。

不是每个人天生都具有持续不断的好奇心，但是你可以通过学习并体会欣赏新生事物带来的兴奋感培养这种能力。对于趋势预测员而言，“不知为不知”这句话被重新理解——这意味着你还不知道你的想法可以将你带向何处。这是非常激动人心的。

你周围的一切都能影响你的研究趋势，最终，你的所见所闻，所行所感，都能成为你的研究。

★ 从广泛的范围开始——获得灵感。

★ 通过你获得的信息找到新趋势。

★ 到处看看——观察、考虑、连接疑点、运用直觉。

★ 跟随和倾听你的想法，无论它们带你去哪里。

★ 以开放的思路开始——你永远不知道创意和灵感源自何处。

★ 拥抱你所发现的事物。

不要把研究看作是一项艰巨的任务，而是把它看作你发现非同寻常的、非凡新事物的过程，同时还可以见证时代精神的微妙改变。

提示

在探索趋势的过程中会出现很多“糟粕”，这没有关系。要习惯于收集让你感兴趣的事物，在发展概念的过程中以不同的方式将创意汇集到一起。一些观察到的事物也许几个星期或几个月都不会用到，还有一些可能永远也不会用到。

本能与直觉（Instinct and intuition）

在调研和分析的过程中，直觉对于构成一种趋势至关重要。形成趋势的想法可能是潜意识的，而集体无意识往往是巩固趋势的原因。

直觉是不能教的，但每个人都有一定程度的直觉——你只需要学会倾听。当你发现新的事物时内心的颤动；当你发现自己在探索一个你从未有过的想法、主题、人、产品或地点的那一刻；当你意识到你所看到的事物会让你回想起你所见过的其他事物时，那个“砰”的一声，就是你工作的直觉。

你的直觉需要创意，所以尽可能多地吸收新奇和不同寻常的事物、地点、想法和体验。让你的思维活跃起来，这样你的直觉也会活跃。深入研究以上领域，去寻找能够触动你和真正吸引你的人、产品或类型。如果你发现自己重复浏览某些网站、艺术家或行业，这表示你已经找到能够启发你的特定领域——一定要继续探索。

学习什么对你有用很重要，这就是为什么我们在这里列出了不同的方法和资源。找到灵感也许并不容易，所以了解自己的工作方式和灵感来源很重要——使用这些方法，而不是抗拒它。

如果有你喜欢的杂志，可以订阅；如果有你喜欢的网站，注册内部通信；如果有你感兴趣的人，在社交媒体上持续关注他们。

问问你自己：

★ 这是新的吗？

★ 有什么不同？

★ 我为什么对它感兴趣？

练习：建立资源

趋势预测要建立在有效的调研技巧基础之上。通过建立一个你可以定期检索的资源库，能够保证你的研究处于时代前沿并具有前瞻性。它还可以帮助你对新的行业需求做出快速反应。

- ★ 针对第65~73页的每一类别进行调研，找到有趣的、有启发性和有影响力的资源。
- ★ 首先检索你已经熟知的资源。
- ★ 询问朋友和同事从何处获得灵感，或者他们近期阅读过、看到或经历过哪些有趣的事情。
- ★ 想想你读过哪些让你感兴趣的文章或杂志。
- ★ 为你近期发现的博客或网站建立书签。
- ★ 在社交媒体上关注关键的人物和机构。
- ★ 观察不同的平台——网站和纸媒、电视和电影、展览和艺术——关注住所周边的新场所。
- ★ 保证你的资源混合了主流媒体（如报纸和时尚杂志）和专业的前沿媒体。
- ★ 每周检索几次网络资源。
- ★ 尝试从你感兴趣的不同资源中找到共同的模式，这是建立趋势的开端。

⊙ WeWork在伦敦的办公室。WeWork在全世界为自由职业者提供办公和交流场所

行业人物
路易斯·比格·孔兹霍姆（Louise Byg Kongsholm）

简介：

路易斯·比格·孔兹霍姆是斯堪的纳维亚趋势预测公司派耶·格鲁朋的拥有者和总监，该公司发布季节性的色彩、材料和设计方案，同时为其他趋势服务机构，如沃斯全球风格网络、趋势联盟、奈莉·罗迪、Mode以及Information和潘通（Pantone）提供代理服务。路易斯在为欧洲顶级品牌、零售商提供品牌咨询和零售建议方面有着丰富的经验，并著有几本趋势研究和社会学方面的书籍。

您是如何开始趋势预测工作的？

我父亲在1975年创立了派耶·格鲁朋公司，我想我一直都是家族生意中的一员。我攻读了战略管理硕士学位，并在乐高公司工作了几年，在2007年我决定加盟家族企业，并在2011年买下了该公司。我一生都在趋势行业里，或是从2007年开始，这取决于你如何看待这一切。

您的调研过程是怎样的？

我们的调研基础一直是当今和未来的时代精神，不同年龄层的消费者行为，以及对于不同类型趋势的理解（超大的、巨大的、微小的、短期狂热的），然后把这些进行总结归类，从而归纳出季节性的趋势。这一过程比大多数人预想的都要长，但得到的结果也更为准确。

客户需要从趋势预测中得到什么？

大多数客户需要从中获得方向感，并努力让它保持正确。所提供的趋势灵感数量——线上和线下，都在大幅增长，我们认为自身的角色是向北欧市场提供安全、商业和精挑细选的趋势预测服务。

您和您的客户认为什么是传达趋势观点最有效的方法？

当涉及通过正确的方式了解趋势、感觉、情绪、故事、色彩和材料时，客户的要求是很不一样的。一些需要文本，另一些只需要视觉影像。我们发现几种传播工具融合在一起的方式最有效；我们在演讲中使用文本、关键词、拼贴、色彩和色彩组合以及鼓舞人心的短片。

您会给现在开始从事趋势预测行业的人哪些建议？

一定要非常清楚地知道自己在做什么；你是不是一个很酷的趋势猎人、趋势观察者、趋势预测者或未来预言家？如果你不知道以上这些角色之间的区别，也不清楚你的长处和弱点，没有人会雇用你。如果趋势预测是你的强项，请注意你需要经过多年的积累才能成为一位训练有素、经验丰富的专业趋势预测员，这些需要你有耐心、长期的客户资源和丰富的人脉资源。除此之外，尽管努力去工作！

生活方式对时尚潮流有多重要？

生活方式是指出未来消费者趋势的关键要素。我们的生活方式影响广泛，从我们穿什么到我们在何处居住、吃哪些食物、如何生活等。

趋势研究和预测变化的本质是什么？

趋势改变的速度每一年都在加快，特别是在时尚领域。我们也关注室内设计和家居设计领域，潮流的变化速度要相对慢一些，食品行业的趋势持续时间更长。

趋势预测者不可或缺的工具有哪些?

智慧和连接信息的能力。

什么最能启发你?

与志同道合的趋势预测者交谈，未来预测者和创新人士总能带来新的观念。为此，我们每年举行两次专家会议。阅读长篇的数据统计文章和报告，沉浸在大量的图片、引述、视频和网络故事中，可以成为持续不断的灵感来源。最大的成就感来自所有的线索都被连接，进而创造出一个引人注目的趋势故事。

一手资料研究与二手资料研究

一手资料研究与二手资料研究可用于不同的研究目的，两者的平衡可以保证得出稳定和充满活力的趋势调研结论。

一手资料研究（Primary research）

一手资料研究是你从自己观察或经历中学习到的事物。你可以通过一系列的亲身经历进行一手资料研究——从参加展览，走进剧院或电影院、甚至一家新的餐厅，到尝试新兴科技。你还可以参加会谈，组织采访或拍照。调研旅行，去不同的城市或国家寻找趋势创意、材料和色彩灵感，这是另一种有用的研究形式——不论你是否调研其他时装品牌，不同的文化或环境本身将影响你的调研结果。

一手资料研究将提供一组可以即刻或未来使用的信息和创意，用于帮助最初的想法落地。这时，你的直觉和经验可以帮你决定哪些事物是新颖和值得被关注的，哪些事物是突显和令人激动的，哪些是你认为已经成为当前的趋势，或已经被主流意识所接纳的。

二手资料研究（Secondary research）

二手资料研究是你从其他人或机构的研究成果中学到的事物，通常以学习其他媒体——出版物、广播或社交媒体，以及其他趋势报告或数据的形式出现。重要的是，收集到的信息需要被完整地记录，以帮助你建立新的趋势，可以通过整理文章、文字、访谈、截屏、网站书签，以及录音、招聘或保存的图像完成二手资料研究。参考下面一节“记录你的创意”可以了解更多关于二手资料研究的内容。

二手资料研究可以帮助你详细阐述一手资料研究的内容，通过其他资源带来创意，以支撑一手资料研究的想法并使它们更有分量——证明你的想法复杂巧妙、值得被关注，并具有事实支撑。

进行二手资料研究也是为你的观点寻找不同来源的例证的机会，以支撑你的想法，并帮助你发展这些概念，也许你会从最初的想法中找到新的方向（参见第五章，第112～115页“趋势会议的艺术”）。这也是一次准备调研成果的机会，以便向你的同事进行展示。

为扩展某个趋势而进行二手资料研究时，你将开始收集影像资料，以帮助你进一步完成情绪板、材料和色彩创意，这些将最终影响季节性的产品设计、创建趋势系列和类别。

在一手资料研究和二手资料研究之间取得适当的平衡至关重要。太多的一手资料研究会让你的趋势缺乏稳定性，看上去好像只是你自己的观点；如果你运用了太多的二手资料研究，你的趋势研究看上去会缺乏视野、独特性和个性。不要过多依赖一种资源对你的研究也很重要，这样可以保证信息的来源和样式各不相同。

要成为一个好的趋势预测者，你需要做一个好的研究者（一手资料研究），然后还要做一个更好的翻译者（二手资料研究）。

个人经历

在这一阶段，亲身体验周围的世界至关重要，可以帮助你形成关于趋势的最初想法。没有任何趋势可以单纯来自研究。走出去参观美术馆、展览、商贸展会或时装秀将对你个人产生独特影响，可以让你在第三方评论、他人的编辑和品味之外形成自己的观点。

实物会给你更多关于色彩、材料和质感的细节体验，与只是阅读这些东西大不相同。像艺术家所希望的那样，体验实物在空间中的放置；或像设计师预想的那样，实际使用某种产品，远比在杂志或网络上看到它们的图片更有价值。

▲旅行可以为一手资料研究带来丰富的信息——你自己的亲身观察和体验。（Archaedogical Museum of Heraklior，Grete）的克里特岛伊拉克利翁考古博物馆

记录你的创意

一旦你开始找到那些有趣的、令人惊讶的、启发你的事物，你就需要找到记录它们的方法，这些有价值的创意才不会丢失或被遗忘。无论你的记忆力有多好，记住所有启发你的事物是很难的，所以你应该一直记录与整理这些创意和事例。你可以通过很多不同的方法来做这件事。这里详细介绍一些最受欢迎和最有效的方法。

在整个调研过程中，应该持续地收集图像信息，并有效地进行存档。为了使创作情绪板时有更广泛的选择范围，请尝试保存尽可能多的相关图像，并按照阐述某个观点或产品的思路进行保存，便于之后从中挑选。广泛地收集图像是很好的实践过程，省去了在最初的灵感阶段之后对图像进行二次调研的麻烦。

一些趋势预测者喜欢单独使用物理方法——例如，创建文件夹或有图像、实物和创意的情绪板；另一些喜欢用虚拟存储系统、网络工具或简单的电脑文件夹。选择适合你的方法（如果有可能，使用组合方法）。就像我们鼓励你注意观察周边的事物一样，你应该把这些记录下来——通过做笔记或速写、撕下杂志内页、拍照片或街拍、保存链接或图像文件，或提炼你接触的任何事物。

提示

当你处理杂志内页或剪报时，记录下它们的来源和日期，便于以后引用。直接写在纸上，或将注解用回形针夹住，或使用便利贴，让图像保有最初的信息。

▲伊莎贝尔·布鲁克（Isabel Brooke）的速写本，她在威斯敏斯特大学就读期间以这样的方式记录和发展创意

物理记录（Physical tracking）

情绪板经常被用作趋势预测中记录趋势的方法，但并不是记录和组织创意的唯一方式。

文件夹

一个技术含量低，但可以有效开始记录趋势创意的方法是使用文件夹。这些可以是文件盒、塑料袋，或者活页文件夹——形式并不重要。但这是你保存珍贵创意的方法。开始整理一系列文件能够让你在创意突然出现的时候快速地保存和组织你的想法，无论何时你需要这些创意，都能抓住或传送它们。该方法对于平面类的事物、文章、照片和图片最为有效。最好的开始方法是为你想要探索的不同领域建立基础文件夹并持续更新——如色彩、廓型和材料，或特殊的分类，如男装、外套、配饰或牛仔。当你开始填充这些文件夹时，你可能会因为找到了新的图案或趋势而想要建立新的文件夹。这样，示例和创意可以很容易地被迁移，以保证跟上你不断发展的创意。

提示

注意对图像的命名和归类。保证对图像的出处做注释，这样可以找到它们最初的来源；检查出版的图像（数字或纸质）是否需要原作者的许可，以免违反版权法。所有的图像都需要记录来源，以及原作者。

展板

将图片、实物和其他调研成果粘贴在一块泡沫板上是一种收集、记录和分享创意的常见方法。该方法被广泛应用于高校教学和行业实践中，可以有效地组织和推进创意过程，特别适用于小组或团队合作，因为人们可以在同一块展板上添加或融入不同的想法。你也可以添加关键词、色彩和实物。

速写本或记事本

很多年以来，一个简单的空白记录本一直是创意的最佳伙伴。不管你是用它记录创意，粘贴资料、图片或其他你找到的相关事物，速写本都是一个很棒的创意储藏室。

数字记录（Digital tracking）

你的大部分调研成果很有可能都来自网络资源。你当然可以通过打印，将数字调研成果转换成物理调研成果。但你还可以通过使用技术工具以不同的方式记录和组织你的想法，你可以使用云空间、移动设备或计算机。下面仅列出了其中一些工具，但新的应用程序和服务一直在更新，所以询问精通技术的朋友或同事推荐使用哪些工具也很有必要。

博客

博客及微博，如汤博乐——可以成为你的创意或灵感的数字化剪贴簿。许多网站设计有博客转发按钮，让你能够轻松点击，保存你喜欢的文章、图像或其他资料。你可以在转发时写上几句话，说明你为什么对此感兴趣——以便加深印象——甚至加上标签，如“男装”或“色彩”，帮助你管理自己的帖子。如果你积累了很多内容，你甚至会发现使用不同的博客会让你在查找信息时更为轻松。

它们可以像文件夹一样工作，因此你可以针对不同类别，例如，材料、色彩或男装，或不同的项目和季节来创建不同的博客。

如果你只想让自己看到思维和创意的发展过程，你可以为博客设置隐私模式；你也可以选择公开，其他志同道合的人可能会为你提供新的灵感来源。

书签/链接

书签是为线上内容在浏览器中建立的快捷方式。你可以通过点击“书签”按钮轻松地保存网页。你可以为特定的类别或项目建立文件夹，以便可以再次轻松找到网页。同样地，你也可以将链接复制粘贴到文档中，通过这样的方式记录你找到的在线内容。这些方法都可以提供方便快捷的方式保存你浏览到的信息，但请记住，网页可以被迁移或删除，链接可能会过期。

▲威斯敏斯特大学毕业生卡蒂·安·麦克贵安（Katie Ann McGuigan）（上图）和康斯坦斯·布莱克勒（Constance Blackaller）（下图）的工作过程

数字文件夹

你可以通过建立数字文件夹的方式方便快捷地保存图像、文章和视频。与物理归档的方式一样，你应该建立一种让你能够再次快速找到这些创意的方法。

尽可能找到最高分辨率的图像，以一种能够帮助你再次引用和找到它的方式命名这个文件。例如，你应该写出找到它的网站，或者社交媒体上分享文件的人名、图像的细节（设计师、艺术家、出版商、作者）以及引用或创作的时间。这可能看上去很辛苦，但你只需要多花一点时间，就可以在之后更容易找到和引用这些图片。

拼趣

拼趣等工具为以收集图片为基础的研究提供了简便方式。与博客一样，许多网站都有“图钉”工具，让你能够一键保存图片到你的账户。你可以用几句话描述图片的来源和内容，以及它吸引你的原因等细节。使用图钉工具最简单的方法是根据不同的主题和题材建立主题板，这样你可以轻松地组织想法，也可以更容易地发展模式，进而发现趋势。

照片墙

这种移动终端的图像分享工具可以如同物理记录方式中的速写本一样工作。我们都用智能手机拍照，但你可以通过照片墙这样的应用程序保存和评论你感兴趣的内容——无论是你自己拍的照片，还是其他令人鼓舞的快照图像。

从上至下：
▲拼趣是保存主题图像的有效工具
▲派耶·格鲁朋潮流预测的优盘（USB）密钥
数字文件是收集调研成果的好方法，须贴上标签，妥善保管

练习：建立趋势博客

利用汤博乐等免费平台，创建一个你自己的趋势博客，使用多种信息来源和类别示例。这能够帮助你了解自己研究趋势的直觉。

既可使用网络资源转发组合内容，也应通过一手资料研究发布你自己的帖子。

请尝试使用本章中所列出的所有类别的示例。考虑以下内容：

★ 现在影响你的是什么？

★ 你最近一直在关注哪些设计师？

★ 在时尚或设计行业中哪些人或事让你感到兴奋？

★ 你看到或听说过哪些新颖有趣的展览？

★ 以上展览中的哪些内容能够引起你的共鸣，并且令你印象深刻？

★ 你看到或听说过哪些有趣的戏剧、艺术家、表演者、电影或电视节目？

★ 你认为哪些新产品有趣？

★ 你最近保存了哪些图像，为什么？

★ 你的朋友、同事或你喜欢的媒体在讨论哪些主题、人物或娱乐活动？

为你发布的每一条博客添加注释，以说明其为何与你的趋势相关联。确保你的示例包含了大量的图片和丰富的信息来源。

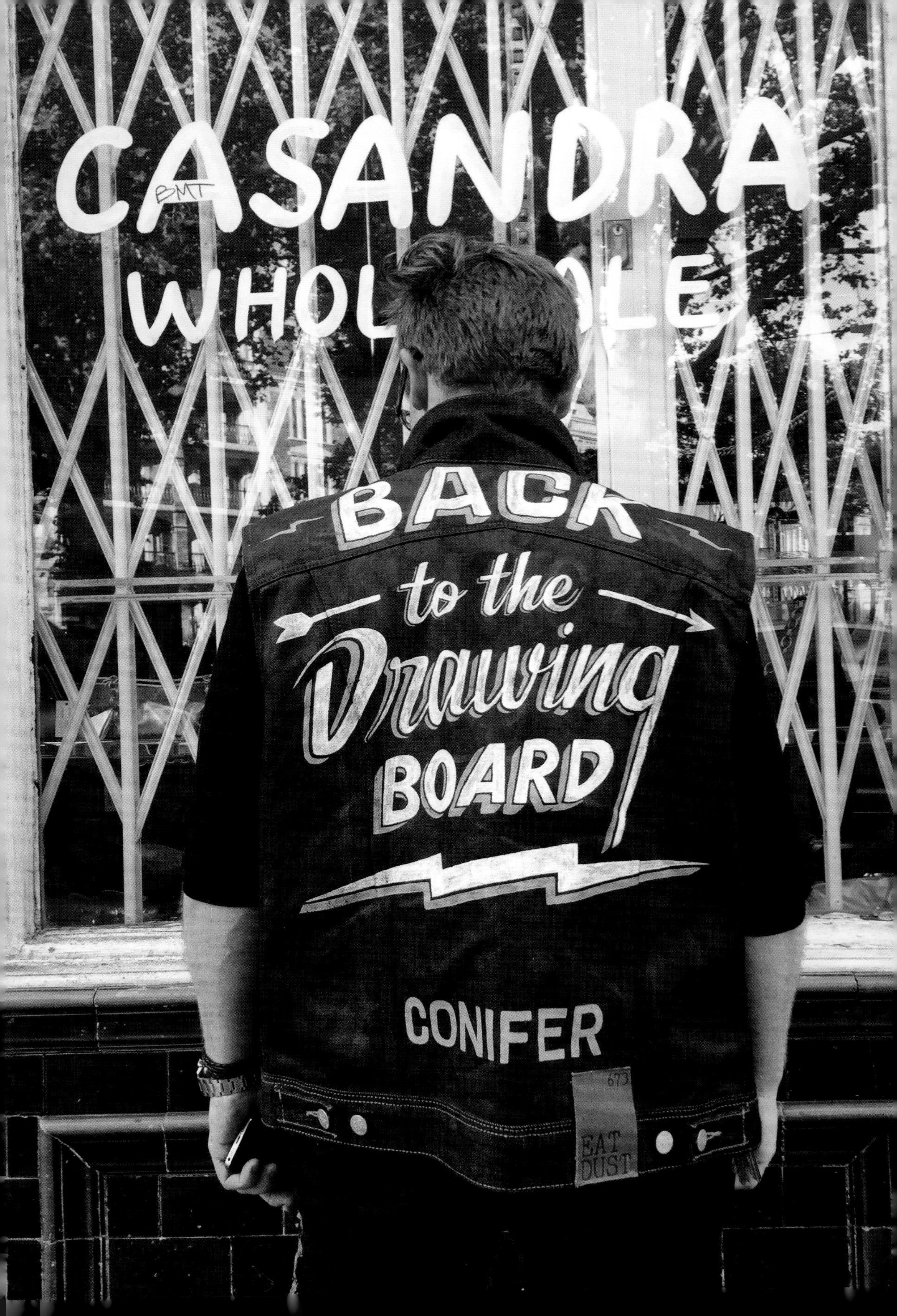

CASANDRA
BACK
to the
Drawing
BOARD
CONIFER
673
EAT
DUST

第五章

时尚趋势发展

趋势的过程从广泛的研究和寻找灵感开始。创造趋势的下一个阶段是发展你的创意以保证它们足够稳固，同时精炼创意以适应你的类别、市场、客户或消费者群体。

本章将引导你思考创造趋势时需要考虑的不同因素——精修和编辑你的示例，根据趋势研究的方法检查你的创意，确保你与生活方式的大趋势保持一致，这样你就可以准备参加趋势会议了。

你将学习如何选择你的调研结果（参见第四章）并将其发展为强有力的趋势概念。你将研究生活方式因素如何影响趋势，如何使用历史上的调研结果和参考文献，以及验证你的创意是否值得继续探索。

本章的第二部分将对以下方面提供指导：如何提炼你的趋势概念；趋势会议的预期内容；如何确认你的趋势方向创新且实用。

◀ 观察街头时尚将帮助你发展趋势创意

开发你的创意——深度

发展你的创意始于更广泛地探索影响因素，为你的想法增添深度和可信度。然而，首先预测者需要进行一系列测试来保证他们的趋势概念一定会成为一个趋势。

研究方法（Methodology）

趋势预测既是艺术又是科学。虽然趋势过程的大部分关乎灵感和直觉，但经验丰富的趋势预测者会有意识或无意识地使用一套方法来确保他们的趋势是清晰的、具有前瞻性并鲜活有趣的。

趋势预测者必须了解他们所认定的趋势是否够新颖，足以吸引消费者的兴趣；或者足够实际，能够发展成趋势产品。以下列出的清单能够帮助你改进你的想法。

三遍原则

在趋势预测界有一个古老的真理，即如果你发现了某种创意的示例三次，那它就是一种趋势。这一理念有如下规律：

一次＝异常

一件突然发生的或引起你兴趣的事物很可能是一次性的。

两次＝巧合

两个类似的创意接连发生很可能是趋势初期的某种巧合。

三次＝趋势

如果你发现了同一创意的三个不同示例，发生在不同地点或以不同方式表达，这可能意味着趋势的开始。

但是，以上原则须注意：

★“三遍原则”不是一个硬性和快速的规则：三个示例，结合你自己的直觉，可以创造出更加广泛、复杂的趋势，并且可以适用于不同的时间跨度和产品领域。

★找到某一创意的三个不同示例是识别趋势的有效方法，但这一过程并未就此止步。三遍原则是测试和验证创意的方法，它为更深入的探索和验证提供了起点，本章后续会进行阐释。

★在社交媒体上，很容易在同一天发现某种创意的三个不同例证，为确保趋势真实可行，你应该以在不同的地方、不同的方式看到三个不同示例为基准。例如，在社交媒体、街头时尚和展览中；或者在秀场、流行文化和生活方式中发现它们。

真实案例

要让一种趋势发挥作用，它需要有一点现实感。你能看到周围的人改变了他们的行为方式或着装方式来迎合这一趋势吗？这是一个重要的方法，以衡量你的趋势是否有一定的市场。某些秀场或街头潮流只存在于特定环境之中，从未跨入主流市场。这可能是因为它们太过昂贵、难以接近，或者荒诞和不切实际，即使是狂热的时装粉丝也难以接受。

是新的吗

另一个衡量创意的关键指标，是与现实案例协同工作，问问你自己（和你的团队）某种创意是否足够新颖？例如，看到一部分人采用了新的行为或着装方式，暗示着某种趋势已经出现；而看到很多人迎合某种趋势则说明这一创意不再新颖（参见第42页）。如果某种趋势创意在调研阶段就不够新颖，那么在18个月后转化为产品时，它必将会落后于消费者的品位。

这就是为什么了解谁在采纳趋势、如何采纳趋势十分重要的原因。你应该去寻找这一趋势的创新者和对其感兴趣的早期使用者。如果你在大多数人的衣橱中发现某种创意，该趋势很可能已经不够新颖了。如果一位时尚行业之外的朋友已经了解了某种概念，那么这一趋势也不够新颖了。如果主流的零售商已经采纳了某种趋势，说明这一概念已经不太可能具有足够的前瞻性并发展成为时尚趋势了。

问你自己以下问题来检验创意的新颖程度：

★ 它有什么新颖或不同之处？

★ 它包括哪些新的参考、元素？

★ 它是全新的还是由其他事物演变而来的？

★ 它能让我兴奋吗？

★ 有人能分享我的感受吗？

★ 它能应用到我的产品类别中吗？它能转化为实际的商品吗？

▲时装秀场外的街拍照片，为流行预测者提供了造型和产品灵感的有用信息

色彩和材料趋势基础（Colour and materials trend foundations）

在开始进行你的趋势研究之后，你需要看看能够在关键设计术语中帮助你定义趋势的构成模块，主要是色彩和材料。

色彩

色彩板与趋势结合使用，为“趋势故事”提供独特的情绪氛围和感觉，让设计师更好地了解这一趋势应该如何被使用，它所传达的是何种感觉或针对何种市场。

图像可以从任何地方获得，但通常来自艺术家、摄影师、展览和设计类书籍。个人摄影、专题拍摄或风格良好的室内设计摄影、杂志和历史图像也可以被采纳。

拼趣和照片墙是原始图片的重要来源，也很容易按主题或色彩进行检索。按色彩创意检索到的图片比其他门类更加具体和艺术化，因此在这一趋势调研的早期阶段并没有确定具体的产品方向。

找到你最初的灵感图片，并以此为基础建立色彩板。可以使用启发你灵感的单一图像（尽管完美的图片通常很难找到）或者使用一组能够为你的趋势找到关键色彩的图像。使用潘通色卡帮助你建立色彩板，通过替换不同的色彩和整体布局找到正确的色彩组合。

材料

材料的趋势以表面纹理和质感为主，灵感主要来自实物而非图像。参考内饰设计、材料制造商或商贸展会图片，例如，第一视觉展的材料使用，巴黎时尚家居展的产品设计。图像也可以来自产品拍摄，如新闻发布或产品图册，或者来自材料库或档案。这部分调研更多是关于表面纹理和制作材料，随着趋势向产品阶段推进，最终会逐渐细化为具体的纺织品，或非织造材料。

将一系列视觉影像组合，展示你认为对这一季重要的材料和表面纹理。把它们进行分类，例如，光滑、亚光、压缩、廓型，然后找到总结每个部分的最佳图像，并给出令人愉悦且易于理解的视觉呈现。

◘ 潘通色卡与图像匹配，说明色彩板是如何作为整体工作的

PANTONE 18-1547 TPX
PANTONE 19-3906 TPX
PANTONE 13-0648 TPX
PANTONE 11-0617 TPX
PANTONE 17-1564 TPX
PANTONE 16-4706 TPX
PANTONE 16-1324 TPX
PANTONE 15-4722 TPX
PANTONE 18-5611 TPX
PANTONE 18-0135 TPX

○ 在图书馆中绘制鞋履草图，时尚设计与商业学院，洛杉矶

历史调研和参考文献（Historical research and reference）

发展趋势概念时，使用历史调研和参考文献为你的趋势增添深度、清晰度十分重要。如第一章（参见第2~5页）中讨论过的那样，历史影响对时尚和设计行业至关重要，几乎所有的趋势都与过去有一定的关联，可能是某个特定的时期，流行的款式或者出现过的造型。精心挑选的历史案例和图片可以对趋势调研的每个部分产生影响，从色彩、材料、图案到宏观趋势、廓型，甚至营销模式。有很多方法可以将其融入现代趋势中，这取决于你产品的重点以及你所创造的趋势类型。

历史研究和参考文献是获得趋势创意与见解的广泛灵感之源。书籍、艺术、电影、建筑、纺织品、展览和博物馆档案为图像、文本和创意提供了大量参考，更不用提从互联网搜集到的丰富历史信息了。

提示

参考信息和案例来自过去并不意味着过时。从历史调研中你可以获取关于时尚历史和文化的各种信息。例如，你可以发现被遗忘的图像或创意，或者重新检视你所熟知的文化、设计或时尚信息。

全球调研

很多设计师和趋势预测者从外国的传统服饰文化中获得灵感——这些都可以为趋势研究增添深度和细节。调研不同国家和地区的服饰文化可以为情绪、廓型、材料、色彩、印花和图案等带来有用且有启发性的参考案例。

◎历史调研对趋势研究过程很重要。你可以找到很多设计作品，从当代的设计师作品，如维多利亚和阿尔伯特博物馆的现代服装系列作品（下图）；到视觉上可以启发设计灵感的历史作品，如伦敦博物馆馆藏的这件Kibbo Kift束腰外衣（上图）

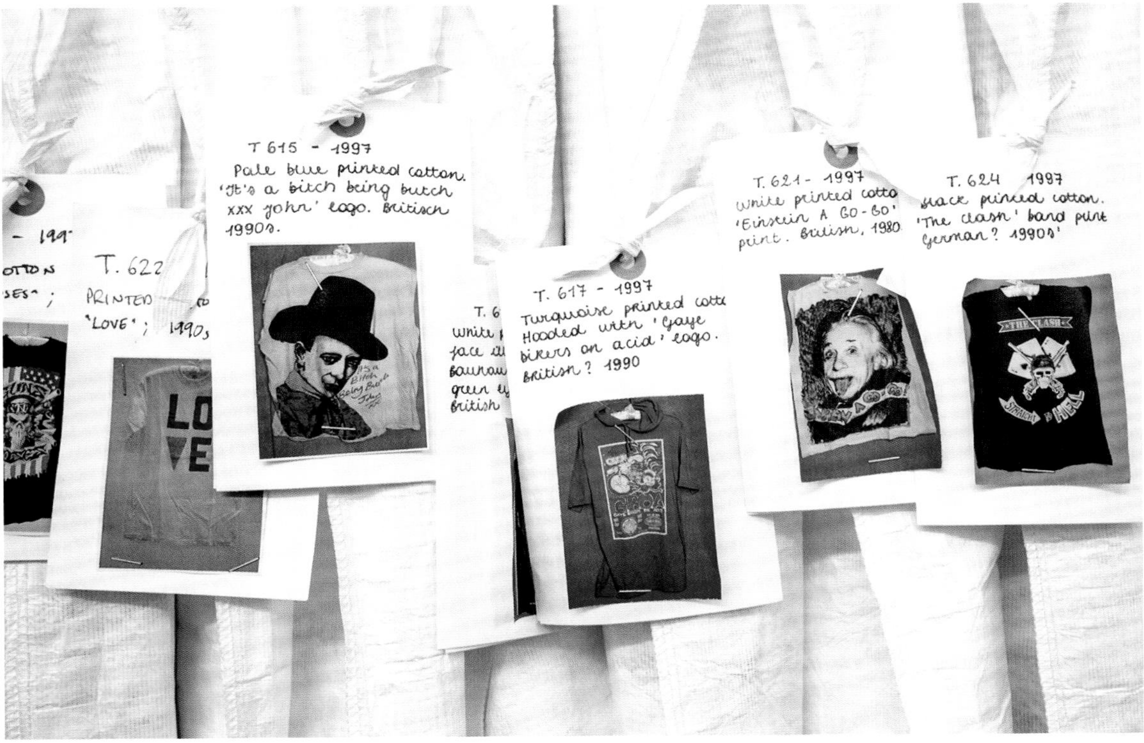

提示

拥有扎实的时尚历史知识背景对趋势预测非常重要，因为大部分时尚创意都曾经以某种形式出现过。流行预测和时尚历史并非相互排斥；事实上，它们之间有着重要联系。时尚历史可以帮助趋势预测者了解过去趋势的产生和发展，这可以帮助他们确认新兴趋势是否有意义。

很多人将时尚历史作为设计基础课程的一部分或者大学本科课程来学习。你可以通过图书馆或者浏览诸如纽约时装学院、维多利亚和阿尔伯特博物馆、京都服装研究院的历史档案，探索更多历史上的服装款式和潮流，还可以通过阅读服装史或特定时期时尚潮流的书籍，并参考时装摄影和参加时尚课程了解更多信息。

在最初的当代研究之后，你应该在情绪板、博客或文件夹中加入历史参考文献，为你的创意提供事实依据和历史背景支撑。

历史上的趋势会随着时间的推移重复出现，并具有周期性的影响力（参见第三章，第50~51页）。一旦某个十年或某个时代成为过往，它很可能被用来作为未来时装的灵感来源，从这一时期时装中找到基础造型或款式，并将其作为现代风格重新定位——它可以是一种廓型，如20世纪50年代的“新风貌”；也可以是一种设计元素，如20世纪80年代的垫肩设计；或者是一种材质，如织锦。

同样的，历史上创新精神或风格独特的人物，如王室、电影明星或艺术家——可以帮助你诠释你所研究的创意或风格态度，也可以为新的创意提供历史背景资料。

过去的时代或设计运动中所出现的标志性的或不同寻常的设计、物品、艺术品和建筑，也可以为你的创意提供具有参考价值的案例。例如，你可能在案例中加入一张芭芭拉·赫普沃斯（Barbara Hepworth）雕塑的图片来诠释流畅而弯曲有致的现代感，或因为其独特的色彩而选用一张年代久远的植物科学插图。

◀北安普敦博物馆拥有世界上最大的鞋履及相关文件档案馆，时间上从青铜时代延续至今。收藏品仅用于科学研究，可以通过预约查看

▼现当代艺术设计可以提供丰富的灵感来源。芭芭拉·赫普沃斯于1966年春季创作

行业人物
朱莉娅·福勒（Julia Fowler）

简介：

朱莉娅·福勒是精选公司的联合创始人，该公司是一家向全世界时尚品牌提供关于定价、分类、需求和竞争指标实时分析的零售科技公司。以定量数据而非定性研究为基础，该公司帮助品牌和零售商在恰当的时间以适当的价格购买对路的商品。

精选公司创立的灵感是什么？

从专业角度来说，这一创意来自我作为服装设计师时感到需要的那些东西。当时我和我的同事能够获取上季产品表现的内部数据和富有启发性的时尚趋势书籍，但是对于我们所错过的外部机遇以及我们怎样能够改善产品配置的确切数据并不了解。作为设计师、零售买手或跟单员，你的工作职责是以正确的数量、号型和价格生产出消费者愿意购买的产品。

每次你看到打折的商品，都是因为研发和产销流程中某处决策出现失误。这会导致行业中的很多浪费。

精选所提供的服务如何改变设计师、买手、采购商、零售商和营销人员的工作？

通过以全新且有效的方式让他们了解市场、竞争对手和目标客户群体。

我们的数据主要集中在产品配置、定价策略、市场表现和视觉营销领域。对于品牌和零售商而言，他们可以在任何时间通过以上数据查看任何类别中和主要竞争对手在产品配置上的绩效表现差距。然后，进一步指导他们的决策，避免徒劳无功，如大打折扣或产品滞销浪费。

时尚趋势产业如何变化？目前时尚趋势的主要驱动者是谁？

时尚趋势受到多种因素的影响，不只是T台。还有来自社交媒体、零售市场和名人的影响。零售商比以往任何时候都需要有360°的视野才能在市场中生存。

显而易见，由于有了新的媒介，时尚趋势比以往任何时候变化都快。所以现在，举例来说，过去本该上电视的内容，现在都在社交媒体上被分享。零售业不得不在某种程度上适应这种变化。但是，现在最快速的零售商反应也还不够快。总会有一个交货周期。另外，几乎没有哪一个品牌想要被认为是跟随者。作为一个品牌，你需要时刻创造时尚趋势，只有在不得已时才模仿。

行业更依赖即时数据还是长期预测？或是两者的平衡？

二者相互依赖，它们对于任何品牌或零售商的成功都至关重要。当然，根据你的身份，你依赖它们的程度也会有所不同，但二者之间始终有着某种平衡。

我们为用户提供的数据类型二者兼有。一方面你可以从长远角度分析事情的发展，形状、色彩或趋势如何衰亡或建立，在此基础上制定长期策略。另一方面，你可以很快发现你所遗漏的事物。你可以每周或每日看到行业动态并快速反应。

数据驱动的趋势服务能够提供哪些传统趋势服务所不能提供的内容?

单纯的数据并不能帮助你更好地预测，而是帮助你更好地制定未来的商业计划，并根据市场的实际情况做出决策。买手和采购商不会说“麂皮夹克现在很畅销，我们再进一些货”。他们可以查看之后说：“好吧，让我们看看市场上还有多少麂皮夹克？多少在打折？过去三个月的价格如何浮动？这种款式去年和前年的表现如何？我的竞争对手进货更多还是减少进货了？”

生活方式影响因素（Lifestyle influences）

对于趋势预测者而言，考虑终端客户群体生活方式的改变是很重要的，因为生活方式会影响时尚潮流。这有助于时尚品牌和零售商根据消费者的需求开发产品，不仅在设计方面有吸引力，也要适应他们的生活方式。

大局

在全球时尚零售和大众市场零售产业出现之前，大多数人由知晓其生活方式的裁缝制作服装，或者自己制作服装。现在，时尚产品的生产商距离消费者越来越远，因此知晓消费者的生活方式及其需求如何变化十分重要。

PESTLE分析和生活方式研究可以帮助理解消费行为与需求的改变。PESTLE是指影响消费者生活方式的政治（Political）、经济（Economic）、社会（Social）、科技（Techndogical）、法律（Legal）和环境（Environmental）因素。它通常被用来检验在趋势调研过程中是否所有因素都被考虑在内。

这些因素似乎与时尚趋势距离甚远，但它们影响着世界上正在发生的事，以及消费者的所思所想，并最终影响你能够实际设计、生产和销售的产品。下表将阐释这些商业分析因素如何影响趋势预测行业和时尚行业。

高级款式：年长女性被认为是重要的客户群体。老年模特如莎尔菲（Daphne Selfe）和艾瑞斯·阿普菲尔非常抢手，为上至朗雯(Lanvin)下至玛莎百货（Marks & Spencer）的商业广告代言

手机而非时尚：年轻消费者更愿意花钱购买科技产品而非品牌商品，对于阿贝克隆比&费奇（Abercrombie & Fitch）以及蒂芙尼（Tiffany）这样的品牌有着负面影响。以上两者都重新设计和定义了产品线

H&M环保系列：面对来自社交媒体的压力，以及染料污染和道德生产的考虑，H&M于2013年推出了环保系列

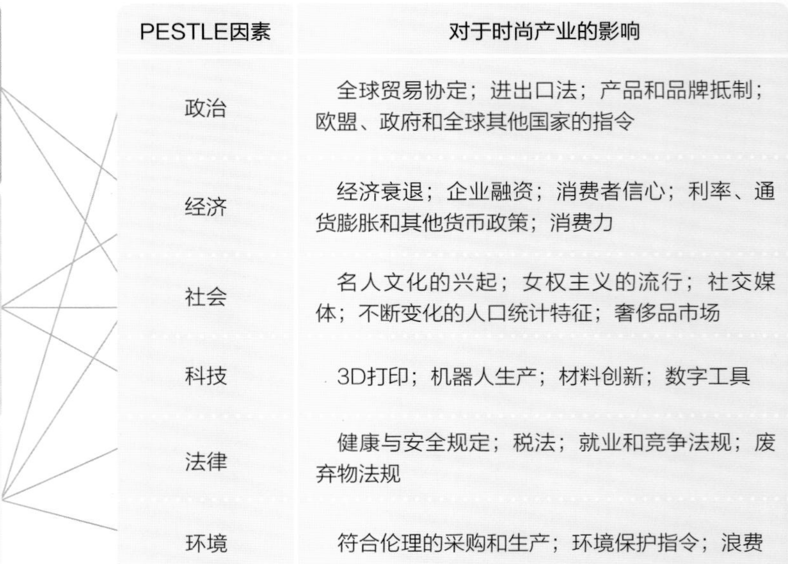

PESTLE因素	对于时尚产业的影响
政治	全球贸易协定；进出口法；产品和品牌抵制；欧盟、政府和全球其他国家的指令
经济	经济衰退；企业融资；消费者信心；利率、通货膨胀和其他货币政策；消费力
社会	名人文化的兴起；女权主义的流行；社交媒体；不断变化的人口统计特征；奢侈品市场
科技	3D打印；机器人生产；材料创新；数字工具
法律	健康与安全规定；税法；就业和竞争法规；废弃物法规
环境	符合伦理的采购和生产；环境保护指令；浪费

节庆活动已经成为人们着装和街头拍摄的风向标。加利福尼亚州科切拉音乐节（Coachella）的“节日风格”为快时尚零售商带来灵感

生活方式影响时尚（Lifestyle impacts trends）

影响趋势预测的关键因素之一是生活方式，也就是说，消费者的态度、行为和愿望是如何改变的。节日文化是生活方式影响时尚趋势和产品的一个例子。自2000年伊始，音乐节越来越受欢迎，“节日风格”开始成为夏季商场、杂志和社交媒体上的主流风格。许多零售商已经开始将受音乐节参与者欢迎的嬉皮士风格或奇特款式作为盛夏系列的主要风格。

你可以将节日文化的兴起追溯到具有影响力的潮流偶像凯特·莫斯（Kate Moss），她在2005年英国格拉斯顿伯里当代表演艺术节（Glastonbury Festival）上穿着牛仔短裤、迷你裙和威灵顿靴，看起来很酷。或是世界各地音乐节数量的增加，从欧洲、亚洲和美洲各地少数的主题音乐活动，到从小众音乐类型到主流音乐适合各种音乐品味的众多活动。或是消费者对于新奇刺激体验的渴望——音乐节在数天之内提供假日、现场音乐表演和一系列不同寻常的体验。或是出席和参与音乐节演出的一线明星和艺人数量的增加。事实上，以上所有生活方式因素的结合已使节日风格成为流行的产品类型。

数据

数据正以越来越复杂的方式被收集和使用。许多企业，包括时装行业中的企业，现在都依赖数据做出决策。多年来，数据一直被认为是趋势研究创意过程的对立面，但现在已普遍用于支撑、提炼和聚焦趋势（更多信息，请参考茱莉娅·福勒的行业访谈，第98页）。你可以通过多种方式获取数据，取决于你在趋势预测过程中所扮演的角色。

零售（Retail）

对于那些从事买手、采购等零售行业的人员，数据可以提供重要的信息，帮助他们洞察哪些款式、色彩、系列卖得很好，哪些卖得不好。这有助于决定哪些品类需要开发，哪些产品需要继续生产或停止生产。市场数据，包括消费者某一品类的消费行为和消费习惯，也可能影响决策。例如，如果某一特定款式在竞争对手中销售良好（如牛仔裙和孟克鞋），买手和采购商往往会在自己的商品系列中加入以上产品，以满足自己消费者的需求。同样，零售商和目标客户群体的相关数据也会影响某些重要产品的选择，如职业装或特殊场合着装。

设计（Design）

内部设计师所开发的趋势和产品（无论是男装、女装、专业领域如印花、材料或配饰）也将被同样的数据影响，从而提供了一个如何应用趋势的框架。例如，销售数据可能显示某一设计几个月以来销售良好，所以设计师可能会受鼓舞为其增添新的色彩、廓型或功能。

因此，数据有时会指导你将趋势应用于哪些产品，也可以为工作在产品设计和零售领域的人员带来机遇。如果数据预测你的设计会在一年中的某个时间卖得很好，它可以解释为什么你的设计会卖出或者为什么某种颜色会被消费者需要。

市场数据和竞争对手的销售数据会影响设计师将创造哪些产品以满足消费者的需求，并且通常还会受到零售团队数据分析的影响。

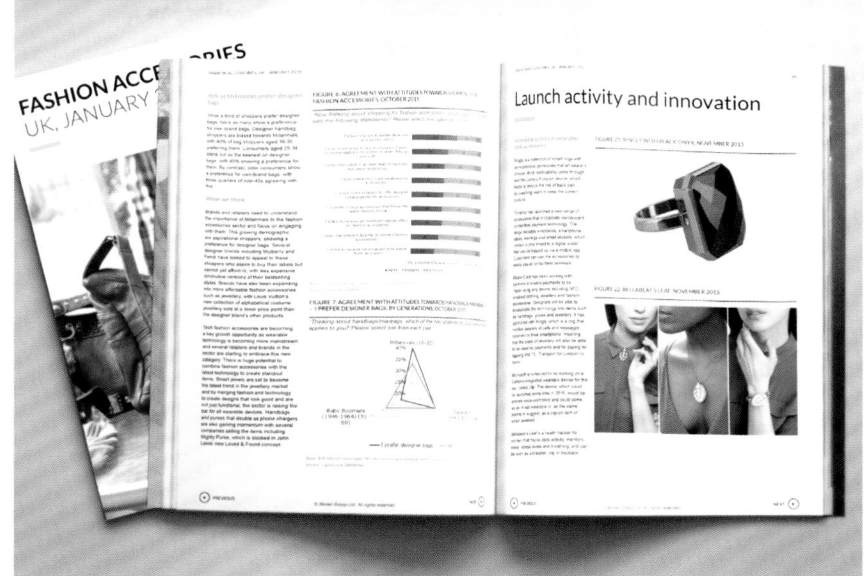

◐明特数据报告。数据报告和定量分析正在被更多的零售商和品牌决策者使用，以帮助其分析哪些产品表现良好，哪些可以做得更好

消费者/市场营销（Consumer/marketing）

数据还可以以其他方式启发你的思考——也许是对科技或奢侈品态度的提升，会影响你创造新产品的想法。对于那些关注市场营销和消费行为的人员而言尤其如此。零售商数据有助于描述消费者对已经出现的产品的反应，但消费者数据或消费者洞察，正如被经常描述的那样，可以提供更多关于可能影响或启发新产品开发的消费行为信息。例如，对于品牌历史的兴趣可能会启发零售和设计团队从品牌的历史档案中获取更多灵感。同样，休闲娱乐消费态度的改变，例如，对于健身和参与节日兴趣的增加表明品牌需要开发此类系列以满足消费需求。事实上，对于许多快时尚零售商而言，夏季音乐节决定了产品系列的发布时间和设计要求。

数据从哪里来?

销售数据：内部数据或通过精选、沃斯全球风格网络库存分析这样的专业机构获得。

市场数据：可以参考明特（Mintel），福瑞斯特研究（Forrester Research）或决断零售（Verdict Retail）的零售分析。

消费者数据：内部消费者调研，结合消费态度和消费支出数据，可以通过舆观（YouGov）或益普索（Ipsos）获取，或通过更广泛的研究机构，如波士顿咨询集团（The Boston Consulting Group）和期货公司（The Futures Company）这样的咨询公司获取。

发展你的创意——提炼

当你收集了一系列丰富的调研材料——无论是围绕同一主题或创意，或是几个不同的主题，你都将需要提炼你的创意，以保证其足够清晰，可以分享给同事及客户。

如果你正在创建自己的趋势，在你将其转换为演示文稿和报告之前，以下提炼过程将帮助你将想法集中于最清晰和最有说服力的示例和图片（参见第六章）。

如果你正与其他趋势研究团队的人员合作，以下提炼过程可帮助你在趋势会议之前确定讨论要点（参见第112~115页），在会议上你可以将自己的想法与其他想法融合在一起以构建最终的趋势方向。

图像（Imagery）

你所呈现的图像（无论是趋势会议上的还是指导客户的），应根据其视觉表现力和总结趋势关键信息的重要程度进行选择。例如，在制作情绪板或为博客和文件夹选择图片时，应检查以下内容：

★ 情绪板的整体色彩方案是否协调一致。

★ 所有的图片协调一致，没有哪一张图片跳出，分散趋势所传达的主要信息。

★ 在你能够使用一张图片时不要使用两张，这样你的情绪板就不会显得拥挤。

本页和对页图：线上趋势服务机构独特风格平台（Vnique Style Platform）使用的自我风格的图片示例，从色彩和表面材质的角度解释了他们预测的季节性趋势

过滤（Filtering）

过滤是一个关键过程，将你的研究用正确的图像和文字表达，从而图文并茂地讲述一个简明清晰的故事。这使将想法集中地向他人讲述变得更为容易，并最终将其转化为产品。

示例

趋势示例可以是任何事物，包括剪下的文章、找到的物品、打印的资料、传单、产品、照片、音乐或视频，以及图书或你自己的照片。

如果你同时有几个趋势创意，你应该将示例以不同的工作标题进行分组——通过物理或数字方法都可以。尽量保证你的示例有不同的格式和类别来源（参见“一手资料研究与二手资料研究”，第80页）。你不需要找到所有的格式和类别，但需要确保各有不同的分布。

如果你需要将创意带到趋势会议或与他人合作，你应该做好创意标题、示例和界限被挑战与改变，以及被进一步提炼和进行小组测试的准备。

过滤问题（Filtering questions）

当你为趋势研究的下一个阶段选择图片和示例时，问自己下列问题：

最重要的是什么？

浏览你为该趋势研究所收集的所有参考资料，找出哪些示例启发了该创意，哪些可以清楚地解释该创意，哪些又拓展了该创意。

哪些是最新的想法和示例？

如果你已经看过一个想法，那么它作为趋势可能就不够新颖。这是由创造趋势和产品到店之间的时间长度决定的——约18个月（参见第43页表格）。如果你的想法在创建趋势时已经存在或过时，在一年半之后产品到店时，该创意很可能被淘汰。

对其他人有意义吗？

与不熟悉该趋势的人进行讨论可能成为趋势过程中有用的部分。这些人可以是你团队和部门之外的人，也可以是你的朋友或亲属。如果他们不能理解你所谈论的内容或示例之间的联系，你的创意可能需要进一步的阐释或准备更多有说服力的示例。

我的资料/参考来源是否可靠？

保证你所有认真保存、命名和引用的资料是有用的。确保你有着丰富的示例来源，包括一手资料和二手资料研究，涵盖不同的类别，从艺术、音乐到历史参考、数据、流行文化和生活方式。

如果去掉某一参考资料，这个趋势是否仍有意义？

趋势由具有相似特征的不同事物组成——例如，色彩、审美、情绪和行为。你的趋势创意所最终呈现的示例需要与其他示例中所包含的多种元素相互交叉，创建出相互关联的网络。如果你剔除某一元素，其余内容应该仍能构成趋势，因为它们之间有其他共同之处。

如何生产出新产品？

确保你有一些如何将创意转化为产品的最初想法。如果你的趋势无法为你所属类别中的新产品提供创意思路——无论是套装还是夏季凉鞋的新款式，那么该创意可能都不值得作为时尚趋势被继续探讨。然而，这些趋势可以以宏观趋势的形式为你的创意提供有用的框架。

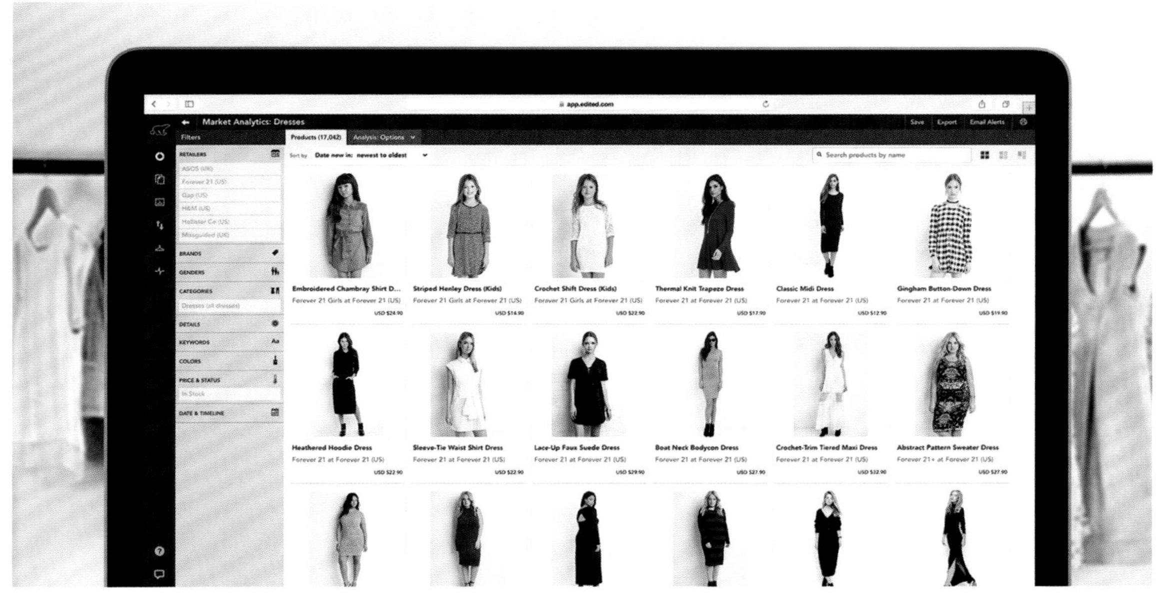

此时，重要的一点是问问你自己该趋势是否能够满足客户简报中的要求——例如，色彩专题、女装产品系列或具体的客户需求。质询并讨论你的趋势包含哪些内容，哪些内容你不想讨论。例如，该趋势是从近期流行的趋势中发展而来，还是全新的？

目标受众选择（Targeting）

目标受众选择是趋势过程中的重要组成部分。通过研究你的趋势为哪些人服务，并根据他们的需求进行调整，你可以从仔细调研和定义过的趋势中汲取灵感，并应用到现实生活中。

消费者画像对于确定趋势非常重要，它帮助你描述终端客户是谁以及他们可能如何使用产品。例如，一个手袋设计师也许想要看一下材料趋势预测，以帮助其选择皮革和五金配件；但是他们也需要看看某一地区的销售数据以帮助其选择色彩。创建和使用消费者或用户画像也可以确保其反映了趋势使用者——如设计师、买手或品牌开发者的需求。这可以为你的趋势增添分量，使其容易被理解并最终有用。如果没有这些，趋势将失去实用性，最终只能成为好看的图片和参考资料。

在趋势开发阶段，某一关键趋势如何为不同品牌和不同类型的市场服务也是值得探讨的。保证你的用户描述足够广泛，这样你的趋势才不会显得狭隘；还要让用户以自己的方式解释你的趋势并从中获益——不论是用于个人设计风格还是贴合用户自有的品牌系列。

◐ 筛选出谁在阅读报告对于了解报告应包含哪些内容至关重要。精选公司的裙装分析列表

行业人物
苏娜·哈桑（Suna Hasan）

简介：

伦敦人苏娜·哈桑曾任英国玛莎百货、美国艾斯普瑞（Esprit）、梅西百货、第五大道百货设计师。2003年移居印度，苏娜在印度知名时装公司，莫得拉玛（Modelama）出口公司、夏希（Shahi）出口公司及信任（Reliance）趋势预测机构任创意总监。作为风格洞察公司的趋势总监，分管中东与印度地区的业务。

您现在在做什么？

我目前为印度市场做自由职业项目，并开发我自己的奢华陶瓷系列。

客户需要从趋势预测中获得哪些内容？

印度市场正在迅速变化；客户需要了解全世界的发展情况。印度的快时尚市场正在发生巨变。H&M和飒拉（Zara）等零售商已经非常成功，他们改变了印度消费者对于快时尚的品位。过去几年中，印度人的消费行为发生了巨大改变，对趋势服务产生了更大需求。线上消费在过去四年中兴起，使当今的时尚产品可以进入印度乡镇，也加速了行业的整体变化。

您的客户主要是制造商吗？如果是，您是否需要将趋势分解成具体的内容？

我们风格洞察的客户不只是制造商，还有买手公司、出口公司、时装学校和大型零售商。我们的区域涵盖印度、孟加拉、斯里兰卡、中东、迪拜和南非。不是所有趋势服务所提供的细分市场都适用于印度，这里是一个温暖的国度，与全球市场相比，这里庆祝不同的节日。没有一家现有的趋势服务机构以印度市场为中心提供持续的、有规律的数据。但是与我们合作的公司却需要知道印度快时尚市场在节庆期间的需求，例如排灯节（Diwali），人们会花费大量的金钱购买服装和礼品。

与欧洲客户相比，印度客户有不同的关注点吗？

总体上，印度有着以家庭为核心的传统文化，人们结婚并组建家庭，余生都将和其家人一起度过。某些着装规范是必要的，特别是与家人在一起时。西方服饰对印度次大陆而言是相当新的事物。印度女性主要避免暴露的、超低领口的和裸露太多的衣服。牛仔服装成为新的基本款式，还有机织衬衫和针织上衣。然而，这一切正在因千禧一代而改变。裙装开始成为重要的款式。

有没有印度人持续关注的特殊类别服装？

宝莱坞有着巨大的影响力，宝莱坞明星的穿着对于印度零售市场有着重要影响。

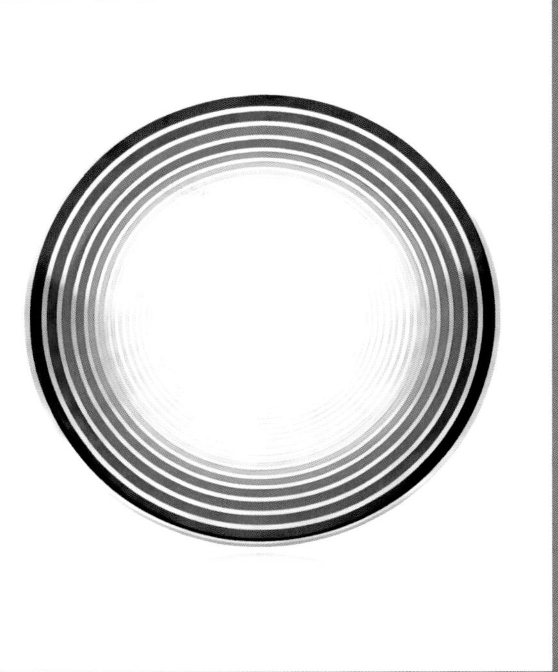

您如何进行趋势研究和预测?

我知道什么正在流行，阅读、留心、倾听和观察日常生活，并且研究全世界范围内发生的事情。

行业的哪些部分对您而言最具启发性，是社会的、文化的还是美学的?

我认为视觉影像最能振奋人心、启发灵感。视觉影像必须具有吸引力才能吸引观察者。如果存在语言障碍，视觉影像则必须足够清晰，这样人们才能够理解关键点，而无须阅读太多文字。

您使用什么样的趋势预测服务商，专业的还是个人的?

我不使用这些，我所有的灵感来自每天的网络调研，以及观察我周遭的世界。

您认为时尚界对趋势的使用正在发生怎样的变化?

趋势使用者使用相同的数据和灵感为接下来的几个季节做准备，在我看来这种形式并不利于个性和创造性思维的发展。

什么最能启发您?

旅行带给我很多灵感，能够看到新的地域和文化。艺术也带给我极大的灵感。

什么工具——网站、博客、书籍、地点、物品，是您不可或缺的?

我的Mac电脑，无论是回我的家乡伦敦，还是造访祖先的故地北塞浦路斯。

您是如何加入趋势预测行业的?

在巴黎服装面料展（Première Vision）上我认识了弗兰克·博伯（Frank Bober），风格洞察的创始人。我被这家网站新的发展方向所吸引，我们进行了交谈，从此之后一直保持着联系。

您会给那些想要参与趋势预测的人哪些建议?

首先在趋势服务机构实习，看看这个行业快速发展的节奏和氛围是否适合他的个性。

练习：创建客户画像

客户画像将帮助你了解趋势为哪些人服务，或哪些客户将使用它。了解这些人是谁：他们的好恶、工作和职业兴趣，以及他们的个性。

考虑以下问题：

★ 他们是谁？给他们一个角色设定帮助你在脑海中构建他们的形象——就像他们是真的客户一样，当你发展该趋势或考虑呈现该趋势的时候，你可以用这种方法来问自己。思考他们喜欢什么，同样重要的是，他们不喜欢什么。思考他们已经有过哪些经历，哪些是他们还没有经历过的。

★ 他们从该趋势中寻找什么？他们是在寻找包含色彩、造型和创意的有用的设计方案吗？还是在寻找青年市场的概况，并希望了解最新的品牌、音乐家或城市？

★ 他们多大年纪？你的趋势参考对他们而言是否有意义，他们是否需要进一步的背景和解释？

★ 他们的经验如何？他们的工作角色是什么？你是在和初级设计师交谈还是品牌的首席执行官？

★ 什么会影响他们？他们崇拜谁？渴望成为谁？

★ 他们可能有的优势和弱势是什么？他们是否擅长使用色彩，却不擅长处理材料？他们是否总部设在纽约，却想要了解上海发生的事情？

整理你所有的信息，并以简明易懂的方式表达出来。如果你认为有用，可以使用图片。你甚至可以为你的客户或用户命名，如果有帮助还可以赋予他们性别、年龄、地域和性格。

▲为客户画像可以帮助微调趋势过程，找出谁在使用以及为什么使用它

将创意变为趋势

现在你已经深化并完善了你的研究，你应该有了坚实的趋势创意，可以自己单独或与团队一起继续深入发展。

使用上述方法，你应该有了一组（或几组）冠以同一概念或美学风格的趋势创意。你应该将这些创意集中在一个文件夹、博客或情绪板中，让你能够向其他人阐述你的趋势，并帮助你确定哪些示例最具吸引力或创新性。

这时，你与同事分享你的创意，以便进一步测试并发展这些概念，从而将你的研究转化为清晰而实用的趋势方向。

趋势会议在趋势过程的不同时间点召开。你可以与你的团队，按品类（如男装）或技术（如印花）人员开会以发展自己的想法。这些会议的结果将被带到跨专业会议上以发展总体趋势或宏观趋势，这些趋势将融合整个季节多种品类和技术类别的整体氛围与美学特征。第113页所述的练习方法可以被用于任何类型的趋势会议。

例如，色彩会议可能单独举行，为特定的客户、市场和品类制定具体的色彩方案。英国纺织品色彩集团（以及世界各地类似的集团）汇集了许多不同学科的色彩专家，他们创造出联合色彩方案并提交给国际权威机构国际流行色委员会（Intercolor），这一全球色彩组织将为季节性的色彩趋势提供国际化的指导。

在大型时装公司或趋势机构中，色彩会议可能只是深入趋势过程的一部分。色彩专家将与消费行为专家，印花与图案设计师，男装、女装、运动装、童装设计师，配饰与家居产品设计师以及材料专家一起参与趋势会议。

⬆通过一系列专家会议带来的专业知识和意见，将色彩板从最初的泛泛而谈调整至可以使用的范畴。图为趋势预测人员浏览趋势预测机构派耶·格鲁朋的趋势商店，店内正在销售该机构研发的色彩体系

趋势会议的艺术（The art of the trend meeting）

趋势会议有许多形式，但本质上它们有着同样的目标：将有着不同观点的人们聚集到一起，以建立一个趋势。这一过程首先将许多不同的想法和参考内容整合到一起，然后进行拆分和提炼，最终形成有用的趋势。

期待什么？

演示

你应该把你的一手研究和二手研究结果带入会议并陈述你的趋势创意，展示最初的灵感来源——通过你找到的图片，你参观的展览或你认为有启发性的街头风格。

你将谈论你的想法来自何处，它们如何演化，或任何你认为有用且能够支撑该创意的信息来源——然后解释为何你认为该创意对于流行季、客户和品类是重要的。

形式

你可以在房间里走动，请参会的每一个人提出他们的建议，聆听专家的陈述，或在团队和小组中阐述你的想法。最初的会议可能很长，有时需要一到两天，但会将很多不同专业的人汇集到一起。第一次会议之后，你将得到几个大的趋势方向，然后通过小型的工作组会议进一步完善（参见第114页“会议的类型”）。

应用

你也可以讨论你的创意将为何种产品领域服务，如女士鞋履。在这一阶段，不需要提供细节等具体方案，你只需要提出与该创意相关的大致想法（如20世纪70年代灵感的回溯）。你的目标是通过文字和图片来说服你的听众。

⭘趋势会议有多种形式，从圆桌会议讨论，到向许多听众陈述个人研究成果

直觉

正如我们在第四章（参见第76页）中所看到的，本能和直觉在趋势过程中扮演着重要角色。这些品质在趋势会议中至关重要。一旦每个人将仔细整理的研究呈现出来，人们就应该有机会讨论是什么激发了他们的灵感，以及他们有怎样的直觉。通常这些想法会被其他参会者所反映，这有助于推动参会者现有的想法，使其成为现实的趋势。

有效参加趋势会议的窍门

★ 对你的想法和你所选择的内容保持自信。简明而清晰地进行陈述，不要偏离主题，不要被他人的评价分散注意力。

★ 准备好深入讨论你的想法；提出它可以被怎样使用，或具有怎样的相关性。清楚地知道它如何符合趋势周期（全新的周期，或某种改进，或不同想法的融合）以及它的来源。

★ 做演讲时，眼神的交流、自信的表达和吐字清晰都很重要。

★ 乐于接受别人的想法并在现场即兴发挥。例如，有人可能会提到他们喜欢的图片，这与你经历的某事产生了共鸣。准备好把这些加入到你的想法中，这可以强化并有助于建立该创意。

★ 接纳质询，准备好接受挑战。有些人可能并不认同你的观点，或者认为你的想法陈旧或没有相关性。接受建设性的批评，如果你认为它是对的，准备好放弃你的创意，或将其重新整合带入新的方向。

★ 听听别人有什么话要说，也听听他们如何回应你。他人的评价可能会构成更有力和实用的趋势。

★ 最后，自我检查。你是众多声音和观点中的一个，并会对最终趋势产生影响。

每次会议结束时，你应该商定3~4个或更多组关键的趋势或创意方向。这些趋势应该具有前瞻性、富有活力并与你的客户和创意要求相关。你应该指派一个小组或个人进一步发展这些想法。对于每一个趋势方向，要确保你收集了来自小组中不同成员的示例以进行下一步研究。

会议的类型

不同公司和组织会议的形式将取决于团队的规模，内部掌握的知识程度或对外部专业知识的依赖程度，技术团队的人员素质如何，以及他们能否轻易地聚集到一个地方。

总体趋势会议

这通常是一个圆桌讨论会议，从每个人介绍他们对流行季、主题和产品类别的想法开始。每个人都会陈述他们的观点、后续的研究及成果，从而详细阐述每一个创意。他们会口头陈述自己的想法，并运用图片和情绪板解释其观点，讨论他们在何处发现该创意，为什么喜欢，以及为什么认为它很重要。下一个小组（无论是所有人还是核心小组），将编辑信息并将其分为相似的概念类别，以备将来开发使用。在整个过程中，记录下适用于趋势的关键词，将帮助总结其整体情绪。

经典的趋势会议形式是彼此协作和令人兴奋的，应该允许不同学科背景和经验层次的人们分享观点与示例，所有这些都致力于创造新的趋势方向。

智囊团

智囊团是一组研究某一具体或特定主题的人员。在趋势预测中，这可能是指某种专业方面或某个产品领域，如女装、牛仔装或面料。智囊团可能会为了即将到来的季节提前两年研究适合的宏观趋势。

一般而言，只有特定领域的专家或学者才能参与此类会议。例如，专注于色彩的趋势会议可能只邀请色彩专家。

研讨会

研讨会是时尚专业人士获取趋势专家意见和外部观点的普遍形式。专家或学者可以以这种形式向听众传达知识和观点。尽管这是一种获取最新趋势洞察的单向方法，但可以有效获得他人对时代精神变迁的想法。许多公司和研究人员通过外部研讨会来提升内部的趋势研究，并带来新的想法，或只是为了检查内部研究是否处于正轨之上。

由著名的非营利组织经营的TED演讲是非常受欢迎的线上研讨会，而李·爱德科特则以其季节性趋势研讨会闻名，这些研讨会主要基于色彩和面料案例指出关键的趋势方向。

"闲聊"（PechaKucha）会议

日语词汇PechaKucha翻译为"闲聊"；最初设计为一种非正式的聚会，参与者展示20张图片，并对每一张图片谈论20秒钟。它已经被趋势预测行业用作广泛收集灵感主题的快速有效方式。一些组织每年定期举行不同专家参加的"闲聊"会议，而其他公司只在每一季开始时使用这种方式。

混合会议

科技已经改变了我们跨学科、跨地域分享创意的方式，这意味着面对面的会议现在不再是必要的。趋势会议可以包括通过视频、Skype和社交媒体呈现的实际和数字会议。这种方法适用于核心团队在一个地方，其他专家分散在不同地方的情况，并允许每个人同时分享和讨论各自的观点。这有助于扩大趋势的信息输入，使其超越参与的组织或国家，从而包括更广泛的影响因素——在全球时尚市场中，这一因素特别重要。

数字分享

网络平台如博客、拼趣板，或Slack这样的群组分享工具允许趋势研究人员以虚拟的方式分享他们的创意。

如果你正从不同领域、市场和地点寻找广泛的信息输入，数字分享特别有用，因为研究人员可以远程添加链接、图片和视频。它还可以收集某团队正在进行的研究内容，有助于简化趋势流程。

然而，与个人或核心团队召开面对面的会议是必要的，以进一步完善和发展创意，并将其带入演示阶段。

▲ 东京时装周期间，色彩趋势机构色彩营销集团（Color Marketing Group）举行的大型PechaKucha趋势会议

总结创意（Conclusion of ideas）

你可能会参加几轮趋势会议，或者在第一次会议之后就总结你所有的想法——这取决于你需要呈现的趋势范畴。

一旦你研究、整理、开发和分析了你的创意，就该抛弃任何不必要的信息，并将其总结成简洁易读的形式。

返回第106页的筛选问题，帮助你完成你的创意，并使用以下检查表确保你在呈现它们（在第六章讨论）之前已拥有以下要点。

★ 趋势的每个元素要有一个示例，为每个元素挑选对的图片。

★ 创意和图像传递出清晰的信息。

★ 来自不同来源和类别的示例。

★ 能够解释和启发创意的词语。

★ 与客户简报（客户对趋势的要求）的相关性。

★ 与消费者生活方式的相关性。

★ 适合的历史参考资料。

★ 材料、色彩、印花、图案的参考资料。

★ 内部和外部的数据支撑。

★ 一手资料研究和二手资料研究相结合。

★ 团队之间就趋势的要点达成一致。

练习：组织一次PechaKucha会议

组织一次你自己的PechaKucha会议来形成一个趋势（参见第115页）。

召集一组参会者，简要告知他们你想让他们做什么，带来哪些内容。安排时间和地点，在会议当天通过介绍会议并解释你希望在这一天收获什么来开启会议流程。这可能会是一些决定你公司决策的影响因素集合，针对特定季节新兴趋势的基础工作，或针对新产品或行业的市场调研。

每个参会者应该带来20张幻灯片。这些可能是文章、图片、展览清单或评论，音乐、视频、书籍或实物。

每一张幻灯片展示20秒钟，允许每一位参会者进行讨论。

以收集到的信息摘要和过程中的关键发现对会议进行总结。是否有许多人提出了相同的意见或建议？是否出现了一些关键的主题？你在整个会议过程中注意到了什么，其他参会者又从中获得了什么？

◀色彩营销集团组织的趋势会议，运用了数字和实物案例，还以手写板记录了创意发展的过程

CONSTRUCTIVE_URBANITY
URBAN NATURE 3.3.
Bæredygtighed /
Etik / Ethics
Futurisme / Futurism
MATERIALER /
Crailar / Crailar
Farvet denim / Coloured denim
Mælkefibre / Milk fibers
Modal / Modal
Skifersten / Slate stone
Økologisk bomuld / Organic cotton
Hvid marmor / White marble
Ginko blade / Ginko leaves
Bambus / Bamboo
Økologisk hamp /
Tørret mos / Dried moss
Ruskind / Suede
Nylon / Nylon
Bomuld / Cotton
Hør / Flax
Nui Studio
Maxim Maximov

第六章

时尚趋势呈现

本章介绍了多种类型的趋势呈现及其可能的布局。趋势只有应用于终端用户及其业务时才是好趋势。这也是当呈现趋势创意时你的信息来源、图片和参考资料至关重要的原因。你的报告将用于向团队的其他成员、组织或者你的客户（当你供职于一家代理公司）来解释（趋势的）调性、审美或者产品方向。确保任何读者看一眼或读一遍就能理解（你主张的）趋势非常重要。你搜集到的所有信息应该自由流畅地一起体现出来。

趋势研究可由公司内的专家团队或者外部专业机构来完成，但是二者都需要阐释他们的趋势创意以及为什么这些创意对业务的其他部分至关重要或者恰当适用。即使公司的每个部门为了同他们自己的产品类别相适应而将趋势翻译得各不相同，但是如果公司的每一部分都使用同一个至关重要的宏观趋势，那么整个公司业务也将保持一致。

设计师或者产品开发人员常常使用一幅关键图像来启发他们的设计团队，所以编辑报告的人员挑选正确的图片就显得至关重要。公司的其他部门可能想要得到研究和报告的参考资料来告知营销或者视觉企划或者其他相关部门。

◀趋势可以数字或实物等多种形式呈现，图片来自斯堪的纳维亚趋势机构派耶·格鲁朋

趋势的标题

给趋势命名并简洁地概括创意在帮助趋势保持连贯一致方面至为关键。一旦你开发了某种趋势并对其了如指掌，你就需要考虑一个好的名称。

选定的标题应该易于理解，既不要太长也不要不和谐。它应能够总结趋势并让读者快速明了趋势的内容及其适合的对象。同时，它应明智地避免那些平淡无奇的标题，例如，“热带的”或者“西方的”，这些以前已经被使用过很多次而且容易引起误解或者含混不清。请尝试在清晰的提法前加上与众不同的或代表新维度的单词，如“棕榈树荫”或者“未来先锋”等。

当然，这些词语必须与趋势关联并能说清楚它们之间的关系。名称必须能唤起人们对趋势的感觉而且可以轻松翻译——例如，它是充满阳刚的、繁花似锦的、充满历史感的或是清新整洁的？它是让人想起过去的时代还是充满未来感？趋势的标题是面向任何可能正在使用它甚或只是看它一眼的人。因此，标题是非常关键的工具。它能使你的用户或客户理解趋势是什么并引导他们进一步了解你已经整理在一起的所有内容。

你的标题必须同你已经选定的图像相互关联、发挥作用而且不要与页面上的内容相互冲突。举例来说，一定不要使用听起来充满阳刚之美的标题来命名女性趋势（除非你的趋势是关于性别混合的，那将非常合适）。要确保你的标题表达清晰，而且要竭力避免使用可能需要进一步解释的首字母缩略词或者含混不清的

▲趋势的名称要精挑细选，因为它们本身就是对趋势的介绍

混成词（译者注：混成词指像微软Microsoft这样将微电脑Microcomputer和软件Software合二为一的词汇）。

措辞（Wording）

如果你在趋势命名的同时提供一些关键词，那对读者常常是大有裨益的。然而这可能依赖于你将探究多少细节——一份宏观趋势报告可能有更多情感词与之关联，而T台或单一趋势报告可能包括更多关于细节、装饰或者廓型的描述性文本。

通读你的原始趋势会议笔记，然后挑出那些有助于精确描述趋势标题同时还可以概括趋势内容的关键词。如果你在汇报、讨论、开发和筛选的过程中注意到这些，那么这应该是一个相当简单的过程。尽量不要使用太多词汇，并确保它们都是相关的。这些关键词可以暗示你所设想的趋势产品的类型，同时对设计师或客户的解读保持开放的态度。

包含一个简短段落，概括趋势的内容并解释所有视觉元素带给页面的效果，对读者也是有益的。不管这些元素是与情感、材料，还是产品或风格相关。

▼来自独特风格平台（USP）的情绪板。关键词和摘要文本以一种易于理解、直观的方式概述了趋势的内容

2016春/夏宏观趋势——文化驱动因子

UNEXPECTED

新范式

时尚世界正在改变——风格偶像、生产方法和零售模型都在将传统抛之脑后

3D打印服装：技术创造表达自我和显示个性的新方法。
艾尔薇拉·哈特（Elvira't Hart）（荷兰时尚网站）

NASTY GAL

线上优先：线下地理位置不再作为唯一供货因素那么重要，因为线上零售商正在快速成长。
坏女孩网站的瓦比·帕克（Nasty Gal Warby Parker）

一夜爆红：社交媒体名人，从博客到模特，正在形成新的主流时尚景观。
广告周刊——千禧模特（*AdWeek*-Millennial Models）

名人设计师：坎耶这样的名人设计师正变成时尚领域的重要影响因素。
风格网-坎耶风格网-椰子第一季

无季：随着全球变暖和全球零售的发展，季节正变得不那么重要——秋/冬系列很像春夏，反之亦然。
《独立报》对纽约时装周2015秋冬的评论（*The Independent*-New York 15 A/W）

USP UNIQUE STYLE PLATFORM
INNOVATION & INSPIRATION FOR CREATIVE MINDS

趋势报告的类型

无论你就职于趋势机构、零售终端、品牌企业或者是开发自己的产品，趋势会议或系列会议的最终结果通常是一份趋势报告或演示文稿，从而确认或分享你的创意。以下是一些趋势报告的类型。报告通常会为特定的品牌或公司量身定制，所以这不会是一个详尽的列表。

微观报告

微观趋势报告是针对特定主题或产品的较为小型的、面向细分市场的或快速响应类的报告，在简短的时间段内会产生直接的影响。

宏观报告

宏观趋势指可能提供灵感、驱动行业和品牌未来几年方向的更宏大、更宽泛的现象。宏观趋势报告通常具有广泛的影响力，有助于告知公司整体未来的趋势方向并且在后续日期可以分解成不同的部分以启发企业内的各个独立部门。

消费者报告

这类报告跨越所有设计行业，可以用来一览最终控制商业市场的消费者趋势。这类报告包括数据、一手和二手调研以及它们可能试图定义的消费者行为流变。

特定主题报告

这些可能是关于任何特定主题的趋势报告，如零售或纺织品；也可能是关于某个特定的独立服装项目，如新兴趋势的报告。

时间线报告

这类趋势报告跟踪了一个趋势，描绘了从它出现到被关键人口采用，以及向实际零售市场扩张并最终到达消费者的过程。

潘通色彩规划（Pantone® Colour Planner）2017~2018秋冬，其特征是拥有清晰的色彩名称和色彩用途分解

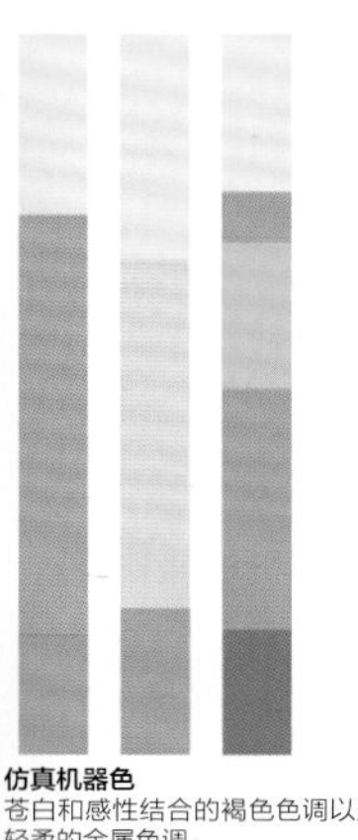

仿真机器色
苍白和感性结合的褐色色调以及轻柔的金属色调。

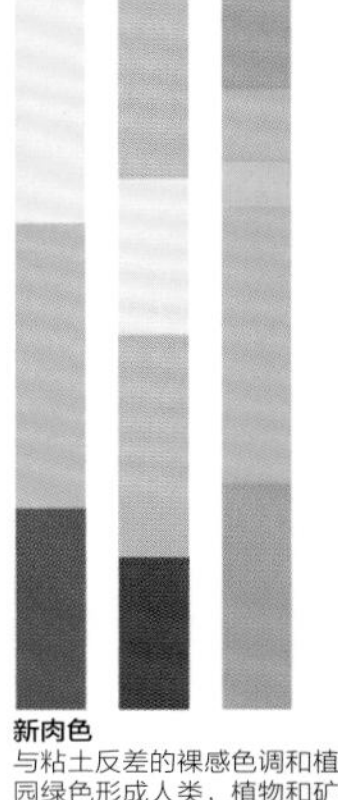

新肉色
与粘土反差的裸感色调和植物园绿色形成人类，植物和矿物之间的共生关系。

超常规

平面城市

插画、叙事风的象形图和日常游戏小物件将储物盒、文具和早餐产品以及床品妆点起来。对无法抗拒的复古图形的偏爱使成人和儿童充满愉悦。

1. 技术作为装饰：昨日的高科技产品或为今日的装饰元素。
2. 反匿名：带名字标签的插画风储物盒子可存储储物且易于找到。
3. 返校工具包：在卡纸或聚丙烯材质上做的定制化工具。
4. “我的第一台任天堂Gameboy，游戏机”鼠标垫。
5. 印花标签，从文具演变到墙纸。
6. 给城市用的伐木机格子布。
7. 机器人家族的大人和小孩。
8. 红线和平面修饰性色块构成的伦敦、东京和旧金山。
9. 柔软舒适的粗剪靠垫。
10. 带有装饰图案和紫罗兰色软垫。

来自巴黎贝可莱尔公司的“房屋”趋势报告

趋势报告的修饰（Make-up of the trend report）

趋势报告可短小精悍也可长篇大论，就像一本设计方向的圣经，能够决定业务的方方面面以及它们应该如何运营和设计。

在一份典型的时尚报告中，通常以情绪板的形式呈现一幅图片或图片集来概括某一时尚。然后你可以把灵感深入发展为由3~6部分组成的子报告，每一部分都可以用来启发不同的产品系列。

举例来说，对于一份色彩的报告，你可以选取一个主色系然后把它分成三或四个子色系（确保在其中使用你本季的主要色彩），然后把主色系细分为不同的色彩用途——如你所见它被使用的样子，以及更小的面向特定产品的色系。

对于一份宏观报告，你将从对当季时尚趋势的全面概述开始，然后指定三或四个关键的趋势方向，每个方向都包含几个将不同元素组合在一起的小节。然后可以在总主题下单独使用这些元素。

对于一份面辅料趋势报告，你可以先创建概述，然后将其分解为它的相关影响因素，如表面和质感，然后再查看它对产品的适用性以及它的最终用途。

印花趋势报告要考虑色彩及其情绪影响，然后把它们分解成不同的部分，每一个部分都可以用来启迪印花专家。

趋势呈现的类型

趋势呈现可以采取多种形式，以下是最流行的几种。趋势可以被呈现为图书、拼贴画、网站、博客、视频或信息图表等。今天的大多数趋势呈现都是数字化的，并且以可下载的格式通过互联网进行展示。

在线形式

趋势报告可以被设计为各种各样的线上格式，以最适合其面向的部门、品牌或公司业务。对趋势的更改可以迅速上传，以跟上不断发展的趋势，或响应新的信息来源，如时装表演分析、新闻报道或贸易展览报告等。数字演示文稿因可以即时实现全球传播、下载、定制、打印和翻译，使互联网成为发布趋势报告和演示文稿的绝佳媒介。

社交媒体

社交媒体通常用于趋势展示。许多应用程序和网站都通过集成共享、协作和上传功能提供趋势报告。拼趣和汤博乐是目前最常用的移动应用程序，它允许用户根据品味、主题、风格或灵感来设计自己的趋势动态板，并在必要时立即发布给选定的或私人的受众。

印刷形式

印刷的趋势报告被一些较为传统的趋势机构保留，并按季节或季度发布，通常与调色板和趋势信息一起使用。许多企业和设计师都喜欢印刷版的趋势报告，但印制成本很高，而且由于必须在打印前以某种方式准备报告，因此一旦发布，就有可能过时。

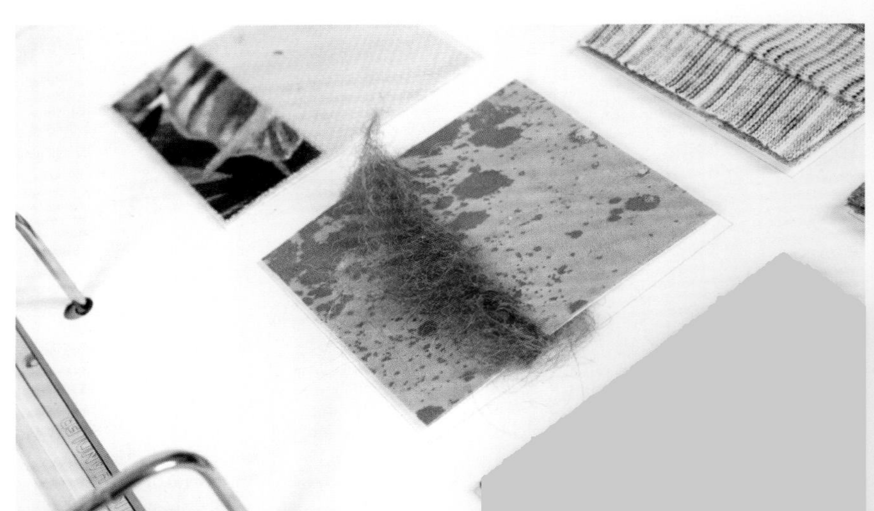

▶附有材料样品的样本，来自派耶·格鲁朋公司

样本册

样本册包含一系列的实物样品，通常用于颜色或材料。和打印报告一样，它们的制作成本昂贵，一旦发布，就无法进行调整或更新。

幻灯片

幻灯片是最常用于研讨会和趋势讲座的程序，因为它是一个易于向大量观众放映的工具。

趋势室

趋势室是一种沉浸式的物理空间，最常用于贸易展览，以总结展览的整体气氛和所呈现的趋势。这些空间让游客可以看到趋势和颜色，也可以触摸布料、皮革或样品，以了解展览会上展出的产品。许多趋势机构在这些领域工作。伦敦趋势预测机构富兰克林 · 提尔（Franklin Till）为法兰克福国际家用及室内纺织品展（Heimtextil）创造了趋势空间。趋势精选（Trend Selection）公司为米兰Lineapelle皮革及配件双年展创制了样本册、流行色和趋势空间。

▲从上至下：2016年法兰克福国际家用及室内纺织品展上的沉浸式趋势室

▲来自趋势联盟的印刷版趋势手册

行业人物
大卫·沙哈（David Shah）

简介：

大卫·沙哈是总部位于阿姆斯特丹视界出版集团的创始人，出版国际领先的趋势出版物，包括《纺织视图》（*Textile View*）、《潘通色彩规划》（*Pantone View Colour Planner*）和《视点》（*Viewpoint*）。沙赫拥有纺织和设计咨询的背景，在世界各地发表设计和消费趋势相关的演讲。

趋势世界是如何演变的？

当我在1974年加入《布艺记录》（*Drapers Record*）作为织物编辑时，没有任何趋势。有一些相关图书来自美国，但大多数人会去巴黎、伦敦和米兰购买样衣进行复制。但他们并没有派人去全世界购物，而是开始委托像大卫·沃尔夫（David Wolfe）和多内格（Doneger）这样的人来做报告。然后，这一做法传到了英国，奈杰尔·法兰西（Nigel French）和其他人在那里为客户创建了趋势服务。

许多趋势服务机构在同一时期开始出现，新的预测者意识到，通过给客户提供设计信息，告诉他们该做什么，该制造什么，可以帮助客户避免昂贵的错误，节省大量的金钱。巴黎有两位趋势达人，奈莉·罗迪和李·爱德科特［趋势联盟的创始人，后来是《色彩观》（*View on Colour*）的编辑］，他们一起创造潮流趋势。

我意识到应该以杂志的形式呈现趋势。我认为，仅仅在《国际纺织品》（*International Textiles*）（我是主编）中为特定制造商提供一张关于某种花卉图案的页面的这种做法是过时的。相反，我想看看每个人都是如何以及以什么方式来做花卉图案的。我是第一个在杂志上从织物的角度开始这项工作的人，而其他人则都是从服装的角度做潮流。

为什么趋势预测很重要？

没有地图，任何人都无法工作，无论是军械调查纸质地图（如物理趋势书和情绪板）还是谷歌地图（如数字趋势服务和在线跟踪），人们都需要地图。路线和目的地由你决定，但你仍然需要一张地图。

生活方式对时尚潮流有多重要？

生活方式一直是时尚潮流的重要组成部分。在20世纪80年代，上映了一批影响巨大的电影大片。例如，非洲以外的国家因为狩猎夹克的引领，产生了巨大的潮流，每个人都开始穿用卡其布。

我们现在都从消费者开始，而不是从产品开始。这就是为什么观察生活方式如此重要的原因。例如，运动休闲趋势并不是去健身房和就餐时穿同样的衣服，而是让你自己更舒适，同时让你的衣服更具功能性。

哪种呈现最有效？

人们仍然需要故事，但他们也需要实用的市场信息。趋势故事依然很有价值，但客户还想知道什么是热门和新颖的，它可能不是趋势，但却是关键事项。他们还需要了解市场需求（商业和实践要素），并了解目标客户不断变化的生活方式。

我们需要趋势，因为尽管人们总是需要看到大片，但现在趋势在很多层面上都起作用。这不仅仅涉及预测创意大潮，还涉及去发现新事物并且可能非常商业化的东西。

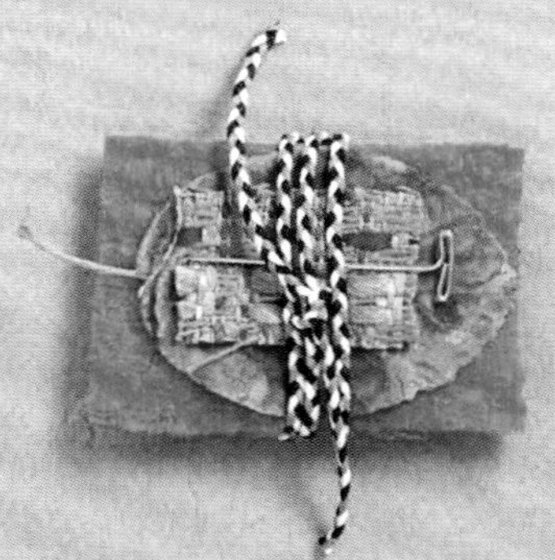

客户需要从趋势预测中得到什么？

趋势业务的未来是鼓舞人心且确定无疑的——客户需要这两样东西。你可以创造出最具启发性的演讲或书籍，但最终客户是想知道他们应该具体做什么。趋势方向不再只是信息，而是帮助品牌和零售商知道如何应用这些信息。

您会给那些关注潮流的人什么建议？

直觉很重要，但你也应该阅读《金融时报》（*Financial Times*），因为这是一个金钱世界，需要不断发现机会。

练习：
做一份6页的趋势呈现

找到一个主题，并将其制作成最多6页的完整趋势演示文稿。从你觉得新潮的东西中汲取灵感，并围绕这个主题进行研究。问问自己：这种趋势是从哪里来的？现在这种趋势处于什么阶段？这一趋势将走向何方？

目的是概述你的趋势及其灵感。想一想你如何提供信息来总结它，并使它与读者相关且适用。提出对读者有启发性的新观点。作为一个整体趋势包，演示应该是不言自明的，可以是实物的，也可以是数字的。

下面是笔者建议的布局指南，以及在编辑演示文稿时要记住的一些要点。

第1页：情绪板

★ 为你的情绪板使用主次分明的相关图像。

★ 通过实物样本和当代灵感，为你的趋势增添深度。

★ 包含一个色板。如果你觉得这会增加整体氛围，请为颜色命名。

★ 选择一个合适的趋势标题，你也可以添加一些情绪词。

第2页：研究与参考

★ 清晰简洁地写出6~8个研究参考文献、影响因素和文化驱动因素，确保所有这些都是相关的。每个应该有50个左右的词汇，并且每个因素都有一张单独的图像。

★ 如果你的演示文稿是数字的，请确保正确嵌入了视频的网络链接。

第3页：材料与细节

★ 展示一系列激发这一趋势的材料，以及一系列对读者有用的细节。

★ 在实物演示中，如果相关的话，请考虑包含真实的材料或装饰。

★ 数字演示可以包括扫描样本和一系列图像。

第4页：印花与纹样

★ 为趋势提供一页印花或纹样的影响因素。

★ 选择一系列可以从不同方向呈现趋势的图像，并以不同方式激发读者或设计师的灵感。

第5页和第6页：样式与产品

★ 选择合适的图像，或提供你自己的产品图纸，以表明情绪、材料和纹样如何转化为你选择的产品领域。

★ 为你选择的趋势提供造型图片，以展示它如何从情绪转变到产品，外观如何作为一个整体工作并与其他产品配合。

花点时间在设计和布局上（参见第129~131页的提示）。确保整个演示文稿的设计是连贯的，并且从头到尾都言之有物。

设计和版式

趋势报告的设计不仅关系到它的外观，而且影响读者对它的感知。为确保你的趋势被充分利用，在考虑或设计趋势展示的内容和格式时，请记住以下几点。

★ 图像是任何趋势报告的关键部分，我们在前面的章节中讨论了选择正确图像的重要性。花了这么多时间研究、选择和编辑你的图像，它们应该被恰当使用以发挥最大效果。

★ 图像应该被裁剪以去除任何不必要的背景或颜色。确保读者关注的正是你试图展示的东西。

★ 图像应该在情绪板中保持平衡。避免将相似的图像组合在一起，并从整体上确保颜色搭配良好。

★ 整齐地呈现元素，每页纸上的图像之间距离相同。仔细选择字体大小和样式，并保持设计始终统一。

★ 想想看你展示的观众或者使用它的读者，让他们来决定它的风格。它应该是非正式的、正式的还是高度专业化的？

来自《视点》杂志的产品设计和材料趋势报告

★想想你的报告或演示文稿的设计。每个页面是否可以针对不同的团队自成一体，以便在必要时报告可以拆分使用？

★如果这是一个在线趋势展示，你是否确保人们可以不断地增加内容使它不断发展？

★这是一个使人印象至深的“轰动”趋势吗？是否表明你对所说的内容了如指掌？如果是这样，确保设计支撑良好，图像引人入胜，参考资料绝对正确。

★如果趋势报告要被打印和广泛分发，请确保版式设计在A4页面上表现良好。请决定它应该是纵向的还是横向的，并采用同一种格式。

★如果报告只针对1~2个人，请考虑包含实物材料样本册或实际样品。

★如果趋势以技术为中心，报告是否需要包含视频？如果需要，请确保链接和图像能正确嵌入并在所有格式上都能正确播放。

○来自沃斯全球风格网络的鞋品设计细节趋势概览

背景

合·意境趋势畅想理想化的未来：即是现实的，又是虚拟的；既是物理的，也是数字的。

2018年，我们不仅追逐大自然，还有超自然，无论是打造生态天堂还是人造仙境；环境将会逐渐实现物理数字化，变得极度有纹理感，极度新奇，同时极度感官化。创新的材料和技术则将我们置于狂喜欢愉和近乎迷幻的状态。作为逃避现实的最佳途径，我们从大自然中寻求那份久违的感性和愉悦。

1

2

3

ure Trends > S/S 18 > The Vision

WGSN

2018春夏趋势预测时间表

前瞻视野 ■
5月下旬

色彩 ■

运动色彩分析
6月上旬

运动色彩
6月上旬

全球色彩
6月中旬

色彩分析
6月中旬

色彩演变
6月中旬

区域色彩对比
6月下旬

地区色彩
6月下旬

彩妆色彩
9月上旬

童装色彩
8月上旬

男装色彩
7月上旬

生活时尚＆室内设计色彩
7月下旬

女装色彩
7月下旬

配饰＆鞋品核心色彩
8月中旬

趋势预测 ■

表面＆材质趋势预测
6月中旬

男装面料趋势预测
9月上旬

女装面料趋势预测
8月下旬

运动面料趋势预测
9月中旬

童装面料趋势预测
10月上旬

核心理念
8月上旬

包装趋势预测
10月上旬

配饰＆鞋品趋势预测：
金属配件＆细节
8月下旬

女士丹宁趋势预测
9月中旬

功能鞋品趋势预测：
纺织面料＆表面
8月下旬

女装趋势预测
8月上旬

生活时尚＆室内设计趋势预测
8月上旬

男装趋势预测
7月下旬

童装趋势预测
9月上旬

运动趋势预测
7月中旬

针织＆平纹针织趋势预测
8月上旬

配饰＆鞋品趋势预测：
皮制＆非皮制
8月中旬

配饰＆鞋品趋势预测：
硬质材料
8月中旬

视觉营销趋势预测
12月下旬

男士发型趋势预测
9月下旬至10月上旬

女士发型趋势预测
9月下旬至10月上旬

男士丹宁趋势预测
9月中旬

配饰趋势预测
9月下旬至10月上旬

鞋品趋势预测
10月上旬至10月中旬

首饰趋势预测
9月中旬

内衣趋势预测
12月下旬

泳装趋势预测
10月上旬

印花＆图像专题
9月中旬

关键单品 ■
8月上旬至10月上旬

设计开发 ■
9月中旬至10月上旬

Future Trends > S/S 18 > The Vision

WGSN

◆ 从上至下：来自沃斯全球风格网络的季节性趋势报告。沃斯全球风格网络会发布趋势报告日程以帮助客户知道何时获取期待的关键信息

物理演示和数字演示各有优劣，各有千秋。没有一成不变的规则，你可以决定选择哪种格式，也可以在一个趋势呈现中同时使用这两种格式。在线趋势报告和演示文稿必须可以下载，以便保存留档，最重要的是，可供读者打印。团队经理通常会分发它们，并在它们上面做笔记，或者突出显示必须注意或遵守的重要部分。

第七章

时尚趋势实践

本章将探讨在你研究、提炼、总结并呈现你的趋势创意之后会发生什么：趋势创意在现实世界的落地输出。让我们来看看趋势信息的用户以及他们在不同的公司、市场和行业如何实际应用趋势。我们还将重点介绍时尚与其他生活方式产业之间的相互作用，检验同一趋势在多个产品类别中的表现。

一旦趋势完成并呈现给客户、团队或公司的另一个部门，它就开始了另一段生命。你的受众或客户将采用你定义的趋势，并使用自己的专业知识在他们的产品领域进行演绎。从通知应该购买哪些产品到给零售环境外观设计以灵感，或者创建一份风格和设计指南，以通知设计师团队应该创建什么以及他们的产品应该看起来怎么样，其呈现形式多种多样。

时装公司并不是唯一使用流行预测的企业。许多业内领先的技术、设计、消费品、运输、汽车等公司都会使用流行预测来激发各自领域的新思维，并确保他们领先于消费者的需求。毕竟，时尚消费者不仅仅只是购买时装，趋势行业进行的深入分析有助于引领其他行业改变态度。

◀设计师侯赛因·卡拉扬的2000秋/冬系列，这件“咖啡桌连衣裙”，模糊了时尚和产品设计之间的界限

公司如何使用趋势

公司对趋势的用法各不相同；在整个市场上许多公司通常以不同的方式对同一趋势进行演绎。它们如何将趋势应用到产品上，可能会存在很大的差异，这取决于设计师个人如何解读趋势、趋势与公司的相关程度以及他们认为在市场上什么样的产品会畅销。价格区间、目标客户画像、零售形式和品牌形象也会影响到趋势的演绎方式。

做旧牛仔布（Frayed denim）

毫无疑问，受20世纪90年代风格复苏的启发，2010年代少数品牌开始生产以牛仔布为主导的系列，改变了“牛仔景观”。伦敦设计师马奎斯和阿尔梅达通过将磨损的下摆边设计成外观的基本组成部分而在这方面发挥了关键作用。随着时间的推移，他们开始与Topshop合作，推出价格更加亲民的牛仔系列，从而将这一趋势推向大众市场。很多品牌都采取了原创的风格，并以各种方式进行重做，都使用了相同的简约新潮细节。巴黎的高端设计师集合品牌维特萌（Vettements）以复古牛仔为代表，推出了该系列的最新款式，把它重新加工成巧妙的镶条和参差不齐的形状，充分吻合“维特萌褶边”（Vetement hems）这一代表其特色的短语，现在已被大众市场大量跟风复制。

◐自上顺时针依次为：2011年中央圣马丁大学毕业秀上玛塔·马奎斯（Marta Marques）和保罗·阿尔梅达（Paulo Almeida）的作品；2016米兰男装周上的菲拉格慕（Ferragamo）户外服装秀；维特萌2014秋/冬系列；2016新风貌（New Look）凉鞋

◑对页，自左上顺时针依次为：服装品牌音乐家急救箱2014系列；科切拉（Coachella）2016系列；罗兰爱思1986婚纱系列；米兰时装周上展示的哲学家（Philosophy di Lorenzo Serafini）2016春/夏系列

草原风（Prairie）

从19世纪70年代草原风成为一种真正的时尚风格开始，草原造型就断断续续地流行。20世纪70年代，电视连续剧《草原上的小木屋》（*Little House on the Prairie*，以19世纪70年代为背景）将这种造型重新带入了大众意识。许多高级时装品牌都将其作为灵感来源，因为它与当时风靡的女性和花卉造型完美契合。总部位于英国的品牌罗兰爱思（Laura Ashley）在20世纪70～80年代以草原风格建立了自己的业务。从那时起，草原风尚就作为一种时尚风格起起伏伏。来自“急救箱”乐队的瑞典姐妹克拉拉（Klara）和约翰娜·索德伯格（Johanna Söderberg）在2013年使这一风貌重新焕发了青春。过去的几十年，这一风貌也出现在从服装品牌哲学（Philosophy）到蔻依（Chloé）的众多T台秀上。自从它作为年度科切拉音乐节的重要展品亮相之后，它也出现在许多大众品牌中。

◆ 自左上角顺时针依次为：艾莱·卡佩利诺（Ally Capellino）外观书中的图片，来自该品牌与温室沙龙联袂推出的2015春/夏系列；西蒙娜·罗莎（Simone Rocha）2013秋/冬系列中的粉色外套；纽约时装周期间坎耶·韦斯特在椰子第二季上展出的2016春/夏系列

如何在多个产品和行业中应用趋势（How trends are applied across multiple products and sectors）

在照片墙和拼趣消费者的世界中，产品和趋势图像的传播速度极快，从而使制造商和设计师能够轻松快速地掌握趋势。这导致趋势在许多部门扩散，同样的趋势经常以多种形式出现。下面是趋势从一个品牌或品类向更广领域传播的两个案例。

第一个趋势是淡粉色，自2010年以来，它已经从发饰产品延伸到外套和配饰领域，而且是在许多市场层面上发生的。粉红如此流行，以至于坎耶·韦斯特在2015年的第二个椰子（Yeezy）系列作品中使用它作为中性色，展示了趋势在演变成一种新的、更具排他性的形式之前是如何进入主流领域的。

第二个趋势是大理石风。最初这只是一种雕塑和家具趋势，在米兰家具展上首次亮相。随后的几年里，它被运用到了时装、鞋品、技术领域并最终回归到室内装饰（尽管主要是作为平面装饰）。

◘ 自左顺时针依次为：吉尔·桑德（Jil Sander）2008秋/冬系列男装；土著联盟设计的iPhone6天然大理石手机壳；2016年由KUF（艺术家Kia Utzon-Frank）工作室设计的KUF蛋糕——蛋糕覆盖着大理石纹理的杏仁饼；由格蕾丝美甲的格蕾丝·汉弗莱斯（Grace Humphries）设计的大理石纹指甲套

行业人物
海伦·乔布（Helen Job）

简介：

海伦·乔布是在沃斯全球风格网络作为音乐和时尚记者开始她的职业生涯的。当时，沃斯全球风格网络是唯一的主要趋势预测机构。搬到纽约后，她为火烈鸟青年网络等一些大型机构和品牌教授趋势预测并提供咨询服务。她现在是火烈鸟网络的文化情报主管。

您如何进行趋势研究和预测的？

我在这个行业工作了十多年，我的方法已经发生了很大的变化。刚入行时，我带着相机旅行，在文化节和俱乐部街拍，进行“趋势观察”和报道。趋势预测更重要的是一种文化浸染。现在，通过观察东京发生的事情来预测斯德哥尔摩街头风尚变化的做法已经不复存在了。因为所有事情都是同时发生的，信息也被广泛分享。

我的职业生涯已经发生了转变。我现在做得更类似于文化分析——吸收大量信息，搜寻文化景观中的细微变化，为我的客户确定机会空间。现在，我觉得自己的角色不再是一位趋势预测者，更多的是一位趋势翻译者和变革推动者。

您运用什么方法？

我总是对新方法感兴趣，并结合各种方法为客户制定最合适的研究计划，然后对输出进行试验。至关重要的是，我们所做的工作是非常有用的，并且可以嵌入到客户的思考和规划以及内外部战略之中。

在大多数情况下，我们从“现状”评估开始：客户目前在文化景观中的位置？他们的竞争对手是谁？这些可能是跨类别的，例如，青少年花在衣服上的钱少了，花在拿铁咖啡上的钱多了吗？他们对自己的品牌有什么恐惧和期待？接下来，我可以提出一系列关于正在发生的事情和变化方向的倡议与假设。然后我对这些假设进行压力测试，与专家和鼓动者交谈，看看我的直觉是否正确。

在这一过程中，我能够看到机会——在这些机会中，所确定的趋势方向将产生一个被品牌忽视的领域，或者产生一个消费者需求不断增长的领域（即使他们还没有意识到这一点），然后品牌可能基于此得到一种解决方案或推出一个新产品。

您认为这个行业的哪些部分对您的工作最有启发性，是社会的、文化的还是审美的？

我的大部分职业生涯都是在青年市场中工作，时至今日这依然是最让我兴奋的。我沉迷于挖掘亚文化和新音乐，以及从多样场景中产生的出版物和艺术品。我认为这是因为——拥有领先前沿的青年影响者的青年市场是发展最快的部分，也是许多主流趋势的发源地。

您使用什么样的趋势预测服务商，专业的还是个人的？

我不订阅任何服务，但我读很多时事通讯，出于兴趣参加行业讨论，并理智地检查我的一些想法。我总是阅读《蛋白质》（*Protein*）并参与《未来实验室趋势简报》（*The Future Laboratory Trend Briefing*）。我完全支持趋势社区——分享想法使我们能够更好地满足客户的需求，并且我喜欢与其他研究和创意机构合作完成项目。

您认为时尚界对趋势的使用正在发生怎样的变化？

我认为客户的愿望是得到更为量身定制的端到端研究。所有的大机构现在都提供咨询服务。当有

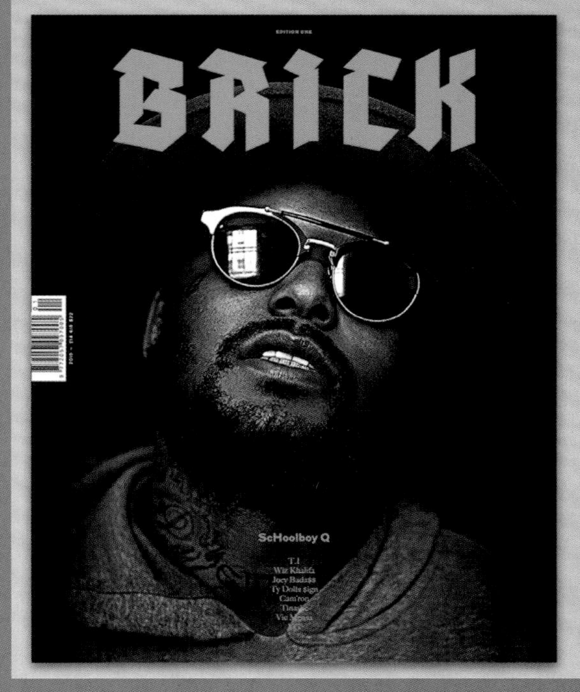

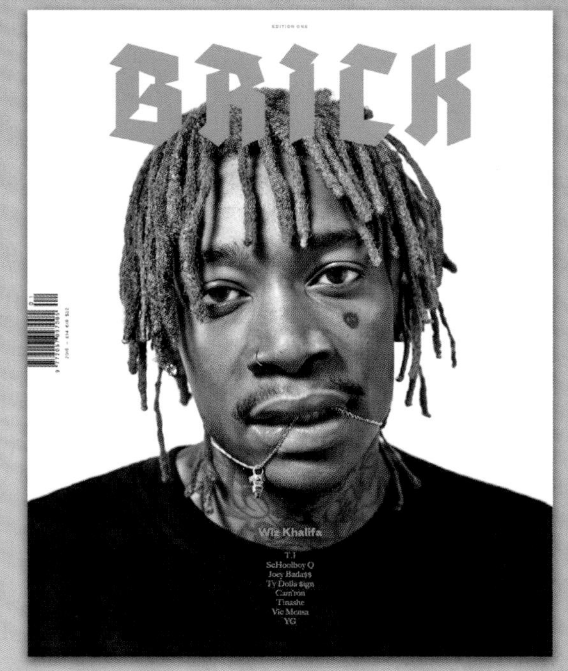

▲*BRICK* 是关于音乐和生活方式的出版物，代表新的嘻哈文化，也是海伦·乔布的灵感来源之一

这么多免费信息时，时尚品牌真的需要理解“这对我意味着什么？”以及最重要的是，“在如此拥挤的市场中，我如何保持竞争力？”我还认为提前24个月并按照季节进行预测的方式如果还没有死亡的话，也正在死亡。现在变化太快了，很难预测并跟上形势。最好是专注于真正伟大的产品并了解不断变化的环境，以及你的产品在这一环境中是如何被看待的；同时，促进你的产品消费者文化的发展。

什么最能给您灵感?

不过就是人物和地点，这个回答有点老生常谈。对我来说，没有什么比沉浸在新的城市或社区里，与那些神奇的大脑交谈更让我快乐或兴奋了。我喜欢学习新事物。我想这就是为什么我现在还在这个行业中工作。

什么工具——网站、博客、书籍、地点、物品，您不能没有?

Slack和Airtable（译者注：Slack和Airtable是设计界常用的日程和项目管理应用程序）！我这一天最大的挑战是整理脑子里嗡嗡作响的各种想法。这些应用程序改变了一切。Slack允许我按主题排序我的想法和链接，Airtable跟踪我的所有项目和专家联系人。

除了喜欢杂志，我最喜欢的活动是在任何一个城市的书店里徜徉书海。在面向青年的新书标题中蹒跚而行，感觉像是一种奢侈的行为。当然，你需要一个好看的笔记本和笔，最好是日本造的！

请描述您目前的工作角色，并解释趋势在其中的作用。

我在火烈鸟（Flamingo）领导文化情报小组，这是一家国际研究机构，客户名单丰富多彩。在文化情报小组，我们跟踪那些塑造未来的变化、趋势和想法，帮助企业和品牌利用这些变化。我们识别那些引起社会和文化相互摩擦的紧张关系，以发现文化变化的涟漪。我们不把自己叫作趋势预测者，但通过观察这些变化，你可以开始预测变化的方向。

从个人的角度来看，我也关注我们行业的趋势，以确保向我们的客户供应对他们来说新鲜和令人兴奋的内容。在这个行业工作，必须不断创新，确保时时处处能够体现你正在宣扬的趋势。

生活方式趋势如何在时尚界发挥作用

时尚趋势和生活方式趋势之间一直存在着很强的共生关系，近年来越来越紧密。品牌合作是来自不同行业的品牌齐聚一堂共谋时尚的一种表现。品牌与那些它们希望获得信誉的品牌合作以进入新的市场。双方分享彼此的消费者以获得潜在优势。

化妆品牌直面斯德哥尔摩（Face Stockholm）与锐步（Reebok）合作，在2015年和2016年打造限量版鞋款系列。同时，巴伯尔（Barbour）在2014年与路虎（Land Rover）联名——前者从后者品牌中借用了“酷”，后者则通过与前者联名来确认可靠的形象。关于时尚、文化和生活方式之间的相互作用，参见第四章。

▲本页图：巴伯尔为路虎设计的2015秋/冬系列服装

▶对页图，自左上角顺时针方向依次为：帕科·拉巴纳（Paco Rabanne）1967年设计的由金属链条联结的轻金属方格服饰；莱斯特·比尔（Lester Beall）1959年设计的未来主义音响原型（从未生产）；1968年电影《2001太空漫游》（2001：*A Space Odyssey*）的一个场景

太空竞赛（The space race）

消费者对新技术和娱乐的迷恋长期影响着时尚潮流。1957年，俄罗斯人造卫星伴侣号（Sputnik）实现了太空旅行的梦想；1962年，当美国宇航员约翰·格伦（John Glenn）绕地球轨道飞行时，这个梦想被进一步普及。这对当时从电视节目、玩具和产品设计到建筑、电影和交通运输等全球流行文化产生了很大影响——当然，时尚也无可避免地受到这一趋势的影响。

安德烈·库雷热（André Courrèges），皮尔·卡丹（Pierre Cardin），帕科·拉巴纳和鲁迪·吉恩莱希（Rudi Gernereich）等设计师，用高光泽的金属和塑料，以最小的几何廓型，将太空旅行的魅力转化为高级时装。这些设计看起来具有保护性、技术感和未来派色彩，完全符合20世纪60年代的创新和反主流情绪。库雷热于1964年推出第一个空间灵感系列，这种大胆、进步的理想被转化为风靡20世纪60年代中期的未来主义时尚趋势。

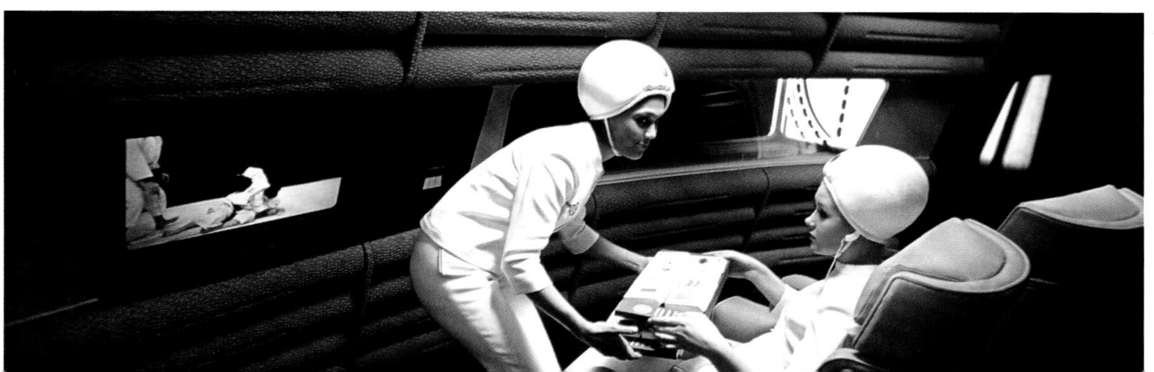

运动休闲（Athleisure）

近年来影响时尚的生活方式趋势最明显的例子之一就是“运动休闲”。随着人们对健康越来越感兴趣，某些运动品牌如灵魂循环（Soul Cycle）和交叉健身（Cross Fit）也引起了人们的注意，趋势预测人士观察到了这一思潮对时尚趋势的影响。他们发现人们比以往任何时候都更热衷于展示他们的积极生活方式，所以每天都穿着运动服，而不仅仅是锻炼前后。这导致了一些小众品牌的兴起，如卢卡斯·休（Lucas Hugh）和户外之声（Outdoor Voices），它们创造了以设计为导向的运动服，让消费者在休闲时也能穿上时尚的服装。这一趋势成为非常受欢迎的一个类别，从时尚购物网站网港（Net-a-Sporter）到服装品牌H&M，各个层次的领先零售商为响应消费者对设计的更高期待，都推出了运动休闲产品。

练习：追踪时尚趋势

以一种你看到的新兴趋势为例，跟踪它在各种市场和行业中的演变。你可以追踪从时装行业中出现并转移到其他生活方式类别中的一种时尚趋势，或者追踪一种从其他领域传播到时装领域中的时尚趋势。

你可以从室内装饰、休闲、科技、旅游和交通、健康和美容以及食品和饮料领域中找到例子。

请询问自己以下问题：

★ 它起源于哪里？

★ 它是如何应用于一系列产品的？

★ 从首次出现以来，它是否改变了行业？例如，它是否从一种时尚趋势转变为一种美容趋势？

★ 将这种趋势应用于新产品是否会使其对更广泛的受众具有更强的吸引力？

★ 你觉得它下一步会往哪里发展？

★ 你认为这是一种新兴的潮流趋势、短期狂热还是经典（参见第45页）？

★ 你认为它为什么能成功地跨越许多产品领域？

呈现一系列图像来表现每一品类趋势的出现、演变和主流化。通过系列研究和参考示例来支撑这些图像。

◀ 对页由左至右：卢卡斯·休2016；H&M致每一次胜利运动系列，2016年7月与瑞典奥林匹克代表团联合发布
▲ Onzie，2016年秋装系列

结论

时尚趋势预测是一种具有现实商业效果的创新实践。如果你能将灵感元素（新创意、好奇心和创造性思维）与深入研究、瞄准客户及其生活方式、识别产品需求等现实相平衡，你就能创造出稳健的、令人兴奋的时尚趋势，从而降低零售商和品牌的风险，激发出令消费者喜爱的创意产品。

趋势预测是一门艺术和科学。它不仅需要想象力和独创性，还需要仔细地分析和深入地研究。通过了解时代精神是如何变化的，以及由此而产生的趋势，你将具备创造和销售新产品的能力，并获得对世界变化的宝贵见解。

我们希望这本书中的洞察、练习和诀窍能帮助你创造出经过深思熟虑的时尚趋势，从而创造出更加新颖有趣的时尚产品。趋势研究的过程需要时间、实践和经验。我们希望本书传授你技巧并给予你鼓励，让你亲自尝试预测时尚趋势！

▶讨论情绪板

术语表

Glossary

运动休闲（athletisure）：除了在运动的时候，在一天中的任何时候都可以穿着的运动服。

婴儿潮一代（baby boomer）：在“二战”后出生率飙升时出生的人，现在婴儿潮一代到了退休年龄。

横幅广告（banner advert）：嵌入网页的广告。

美好时代（Belle Epoque）：在第一次世界大战前安定舒适生活的时期。

品牌价值（brand worth）：通常用于营销行业，常是一个品牌名称为公司产品和资产带来的附加值；也被称为品牌资产。

沸腾理论（bubble up）：小众群体、风格和亚文化的美学从底层中出现，并影响主流趋势的理论（也被称为逆流理论）。

计算机辅助设计（CADs，Computer-aided design）：用于趋势报告和演示文稿的图形。

分类系列（category collection）：围绕着一种特定的类别类型设计的系列，如泳装。

首席执行官（CEO，Chief Executive Officer）：通常是公司里职位最高的人。

名人造型师（celebrity stylist）：为公众场合的名人设计服装的时尚造型师。

女王的衬衫（chemise à la reine，法语）：由玛丽·安托瓦内特(Marie Antoinette)推广的薄纱束腰连衣裙。

紧身长裤（churidar，北印度语）：南亚人穿着的一种紧身裤子。

经典款式（classic style）：具有大众吸引力并能在一代人或更长时间中持续的时尚趋势，如风衣或牛仔裤。

色卡（colour cards）：最初由法国纺织厂生产的颜色样品（它决定了在巴黎流行的东西，因此在美国流行），分发给美国的制造商和零售商。

配色（colourway）：一种带有风格或设计的颜色的组合。

比较购物（comp shopping）：由零售商发起的，针对竞争对手如何使用主要时尚趋势的购物模式。

消费者洞察、消费者数据（consumer insight/consumer data）：关于消费者品味和期望变化的信息，用于构成未来趋势。

创新扩散理论（diffusion-of-innovation theory）：埃弗雷特·罗杰斯（Everett Rogers）提出的理论，描述了趋势如何从少数创新者发展到“后期多数群体”而达到顶峰，然后逐渐消失。

厌倦（ennui，法语）：不满意。

电子零售商（e-tailer）：线上的零售商。

外骨骼（exoskeleton）：一种游戏服装，根据玩家的位置、移动速度和其他感知数据提供不同的响应。

一时流行的狂热（fad）：非常短暂的趋势。

时装图样（fashion plate）：展示或宣传新时装的插图；在彩色摄影之前被时尚造型师广泛使用，创造了用于摄影照片、广告和编辑。

时尚造型师（fashion stylist）：为广告和社论用途照片的拍摄而创造妆容的从业者。

快时尚（fast fashion）：从T台上复制时尚趋势，在短短几周内就可以在全球各大商店，采用的智能化生产模型。

摩登女郎风格（flapper style）：20世纪20年代时尚年轻女性的潮流；时髦的褶皱裙没有腰线，与以前的款式比起来有更多的活动自由。

不分性别（gender neutral）：适用于男性或女性；无论男女，都可以穿的服装。

乔治王朝时期（Georgian period）：1714~1830年间，英国由国王乔治一世至乔治四世统治。

欧洲文化游学（Grand Tour）：18世纪的欧洲文化之旅，由上流社会的年轻人进行，作为他们教育的一部分。

库尔塔（kurta，波斯/乌尔都语）：南亚人穿着的宽松无领衬衫。

时尚画册（look book）：为展示模特、摄影师、风格、造型师或服装产品线的一系列照片。

纨绔子弟（macaronis，来自教育旅行和吃通心粉）：18世纪中期的年轻男子，他们的奢侈服装风尚是从外国时装中演变而来的。

宏观趋势（macro trends）：生活方式的趋势，取决于娱乐、文化、饮食、科技和设计。

微博（microblog）：专门为短文章设计的博客站点，可以是文本、图片或视频。如推特、汤博乐和拼趣。

千禧一代（millennials）：1980年后出生并在21世纪初步入成年的群体；有时被称为Y一代。

情绪板（mood board）：一种由图像、面料和文本片段组成的合集，以唤起一种特定的风格或概念。

新风尚风格（New Look style）：第二次世界大战后，由克里斯汀·迪奥（Christian Dior）推广它的特点是长裙摆和轮廓分明的腰线。

防水台翘起的高跟鞋（overlasted platforms）：鞋面向上翘起的防水台（一种使高跟鞋更易穿的方法，防水台并不明显）。

纸样放缩（pattern grading）：在保持原模式比例的同时，扩大（或缩小）尺寸的一种方法。

PESTLE：该词是政治、经济、社会、技术、法律和环境因素的缩写，可以影响消费者的生活方式。

合成词（portmanteau word）：一种将另外两种词的发音和含义结合起来的词，例如，"汽车旅馆"(motor + hotel)、"早午餐"(breakfast + lunch)。

公共关系（PR，public relations）：指一个人的工作是宣传他们所代表的品牌，如说服记者在杂志上刊登产品，此外还可以指工作本身。

产品生命周期（product life cycle）：产品的兴起与衰退，与趋势相关。

系列构建（range building）：扩展在一个主题中共同运作的一系列精选产品。

宽松裤（salwar，波斯/乌尔都语）：裤子，在南亚国家中尤指女子穿的。

廓型（silhouette）：基于对人体智能数据进行分析的服装基本轮廓，过滤出针对特定需求或目标的数据。

智能数据（smart data）：为了切合特定需求和目标而分析和过滤的数据。

智能制造（smart production）：利用先进信息和尖端技术的制造形式。

街头报道（street report）：将街道风格图像整理成易于理解的组图和视觉趋势。

街拍（street shot）：不拘形式的摄影风格，在街头拍摄，通常是随意的和自发的。

风格部落（style tribes）：一群人以独特的外表联合在一起，常常被视为与主流不同。

限奢法（sumptuary law）：限制或禁止个人消费的法律，常用于服装式样。

红色高跟鞋（talons rouges，法语）：路易十四时期限于上流社会穿着的红色高跟鞋。

剪报（tearsheets）：杂志或报纸的剪贴。

流行周期（trend cycle）：指在几十年内，特别是一代人的时间周期内，趋势的消失和回归。

趋势报告（trend reporting）：通过观察零售商、销售数据和消费者媒体来描述当前市场的一种方式。

趋势室（trend rooms）：让用户体验和感受他们所传达趋势的身体沉浸空间。

趋势跟踪（trend tracking）：实时监控现有产品；在时尚中会包括颜色、面料和轮廓。

漫渗理论（trickle across）：这一理论认为趋势可以在市场的各个层面同时出现（相较于下渗效应和上渗理论而言），又译为泛流理论。

涓滴理论/下渗理论（trickle down）：在社会秩序顶层之间流行的趋势会在各种市场阶层中自上而下地渗透，来影响底层人士的穿着，这一理论在不同的市场阶层上流传开来。又译为滴流理论等。

上升理论（trickle up）：沸腾理论（bubble up）。

衣箱秀（trunk show）：供应商在产品公开展示前，将商品直接向零售地点或其他地点（如酒店房间）的店员或顾客展示的活动。

视觉陈列设计师（visual merchandiser）：为商店橱窗和地面设计陈列品的人，也可以决定商店的布局。

时代思潮（zeitgeist，德语）：时代精神。

行业重点展览
Key trade shows

面包＆黄油柏林时尚双年展
Bread & Butter, Berlin Fashion Biannual
www.breadandbutter.com

国际消费类电子产品展
Consumer Technology Association (CES),
Las Vegas Technology Annual, www.ces.tech

法兰克福国际家用及室内纺织品展
Heimtextil, Frankfurt Materials Annual
heimtextil.messefrankfurt.com

米兰琳琅沛丽皮革展
Lineapelle, Milan Leather Biannual
www.lineapelle-fair.it

巴黎时尚家居设计展
Maison&Objet, Paris, Singapore, Miami Interiors Annual
www.maison-objet.com

米兰家具展
Milan Furniture Fair, Milan, Moscow, Shanghai Interiors Annual
www.salonemilano.it

意大利国际纱线展
Pitti Filati, Florence Materials Biannual
www.pittimmagine.com

意大利国际男装展
Pitti Uomo, Florence Menswear Biannual
www.pittimmagine.com

巴黎时尚配饰展
Premiere Classe, Paris Accessories Biannual
www.premiere-classe.com

巴黎服装面料展
Première Vision, Paris Textiles Biannual
www.premierevision.com

重点事件
Key events

纽约军械库艺术博览会
The Armory Show, New York City Arts Annual
www.thearmoryshow.com

巴塞尔艺术展
ArtBasel, Basel, Miami Beach, Hong Kong Arts Annual
www.artbasel.com

戛纳电影节
Cannes Film Festival, Cannes, France Film
www.festival-cannes.com

荷兰设计周
Dutch Design Week, Eindhoven, Netherlands Design Annual
www.ddw.nl

FRIEZE艺术博览会
Frieze, London,
New York Arts Annual frieze.com

伦敦设计节
London Design Festival, London Design Annual
www.londondesignfestival.com

西南偏南文化节
South x Southwest (SXSW), Austin, Texas Technology,
marketing and entertainment – Annual, https://www.sxsw.com/

圣丹斯电影节
Sundance Film Festival, Park City, Utah Film Annual
www.sundance.org/festival

威尼斯双年展
Venice Biennale, Venice Arts Biennial
www.labiennale.org

参考文献

Further reading

Brannon, E L and Divita, L R. *Fashion Forecasting*, 4th edition (2015), Fairchild Books

Cassidy, D and T. *Colour Forecasting* (2005), Blackwell Publishing

Kim, E, Fiore, A M, and Kim, H. *Fashion Trends: Analysis & Forecasting* (2011), Berg

McKelvey, K and Munslow, J. Fashion Forecasting (2008), Wiley-Blackwell

Polhemus, T. *Street Style* (2010), Pymca

Raymond, M. *The Trend Forecaster's Handbook* (2010), Laurence King Publishing

Rousso, C. Fashion Forward: *A Guide to Fashion Forecasting* (2012), Fairchild Books

Scully, K and Johnston Cobb, D. *Colour Forecasting for Fashion* (2012), Laurence King Publishing

Sims, J. *100 Ideas that Changed Street Style* (2014), Laurence King Publishing

图片来源

Picture credits

出版者感谢下述机构提供的帮助和对本书的贡献：
（a代表“上”，b代表“下”，l代表“左”，r代表“右”）

前言4, 7 Unique Style Platform; 8 Transcendental Graphics/Getty Images;
3al Ray Stevenson/REX Shutterstock; 3ar Retna/Photoshot; 3b IPC Magazines/Picture Post/Getty Images; 4a Walker Art Gallery, Liverpool/Wikimedia Commons; 4b Tim Rooke/REX/Shutterstock;
5 Louvre Museum, Paris/Wikimedia Commons;
7al Virginia Turbett/Redferns/Getty Images; 7ar Guildhall Library & Art Gallery/ Heritage Images/Getty Images; 7b Miguel Juarez/The Washington Post/Getty Images; 7c Burton Berinsky/The LIFE Images Collection/Getty Images;
8a buzzfuss/123RF.com; 8bl Everett Collection/ REX/Shutterstock; 8r Ebet Roberts/Redferns/Getty Images;
9a Han Myung-Gu/WireImage/Getty Images; 9b Private Collection/Bridgeman Images;
10 Bravo/NBCU Photo Bank via Getty Images;
11 Moviestore Collection/Alamy;
12l ACME Imagery/Museum of Fine Arts, Boston/SuperStock;
12r Stefano Tinti/123RF.com;
13l Roger-Viollet/REX/Shutterstock; 13r John Twine/Daily Mail/REX/Shutterstock;
15al WGSN; 15ar Fashion Institute of Technology – SUNY, FIT Library Special Collections and College Archive; 15b, 18 Peclers Paris;
16 Color Association of the United States; 20 Pej Gruppen;
21 Martin Beureau/AFP/Getty Images;
22 Buckitt, photo Alan Burles;
25 Christian Vierig/Getty Images;
26 Pinterest, Inc;
26 www.quartermastertrends.com, @quartermastertrends;
32, 33 © Stylus Media Group 2016;
34, 35 courtesy Ingrid de Vlieger;
36 Amy Leverton, photo Sadia Rafique;
37 Amy Leverton, photographed at Evan Kinori, San Francisco;
39 Scout;
40 courtesy Yasemin Cakli, @yaz_menswear/ photo Simon Armstrong;
44 Justin Tallis/AFP/Getty Images;
46l Startraks Photo/REX/Shutterstock; 46r Bob Daemmrich/Alamy Stock Photo;
48 www.view-publications.com;
49 Alex Segre/REX/Shutterstock;
52 Dave M Benett/Getty Images for Burberry;
53 Mustafa Yalcin/Anadolu Agency/Getty Images;
54 Charles Sykes/REX/Shutterstock;
55 Jeremy Sutton-Hibbert/Alamy Stock Photo;
56 Melodie Jeng/Getty Images;
58 courtesy Aki Choklat, photo Ruggero Mengoni;
59 courtesy Aki Choklat. À Paris by The Style Council © Polydor Records, 1983, photography Peter Anderson;
60 Timur Emek/Getty Images;
62 photo Giulia Hetherington, with thanks to Magma, London WC2;
64 Giulia Hetherington;
65 Venturelli/Getty Images for Gucci;
66 Victor Virgile/Gamma-Rapho via Getty Images;
67 Julien Boudet/BFA/REX/Shutterstock;
68 Rosie Sparks/House of Hackney;
69 Salone del Mobile, Milano, photo Saver Lombardi Vallauri;
70 Peabody Essex Museum, Salem, Massachusetts, photo Walter Silver; 71l Jim Dyson Getty Images; 71r Cyrus Kabiru in collaboration with Amunga Eshuchi, Big Cat, C-Stunners Photography Series, courtesy Ed Cross Fine Art;
73 UsTwo.com;
74l Heimtextil/Frankfurt Messe/Pietro Sutera; 74r Unique Style Platform; 75 Chris Saunders, courtesy PAPA Photographic Archival and Preservation Association, Kapstadt/Cape Town;
76 WeWork.com;
78, 79 Pej Gruppen;
81l & r Rae Jones;
83 courtesy Isabel Brooke, instagram @sapelbr;

85a courtesy Katie Ann McGuigan, www.katiemcguigan.com, instagram @k_a_mcguigan; 85b courtesy Constance Blackaller, www.constanceblackaller.com, instagram @ ceblackaller;
86a Bloomicon/Shutterstock; 86b Pej Gruppen;
88 Amy Leverton, hand-painted denim by Ornamental Conifer;
91 DSerov/Shutterstock;
93 Unique Style Platform/© Pantone LLC, 2017;
94 courtesy Fashion Design Institute of Design & Merchandising, Los Angeles;
95a © The Estate of John Hargrave/Museum of London;
95b Victoria and Albert Museum, London;
96 Northampton Museum and Art Gallery;
97 Peter Macdiarmid/Getty Images for The Hepworth Wakefield;
98, 99, 105 EDITED;
100 STS/wenn.com;
103 Mintel Group;
104, 105 Unique Style Platform;
108a & b courtesy Suna Hasan;
109 courtesy Suna Hasan. Tableware from the Solar Collection by Suna Hasan;
110 martiapunts/ Shutterstock;
111, 112, 118, 120 Pej Gruppen;
115 PechaKucha, photo Michael Holmes;
116 Color Marketing Group;
121 Unique Style Platform;
122 from Pantone® View Colour Planner A/W 2017-18, www.view-publications.com;
123 Peclers Paris;
124 Pej Gruppen;
125a Heimtextil/Frankfurt Messe/Pietro Sutera; 125b Fred Causse for Trend Union;
126, 127, 129 www.view-publications.com;
130, 131a & b WGSN;
132 Steve Wood/REX/Shutterstock;
134 Tinxi/ Shutterstock; 134a Marques' Almeida, marquesalmeida. com; 134bc Vetements, photo Oliver Hadlee Pearch, vetementswebsite.com; 134bl New Look, newlook. com;
135al photo Neil Krug/Sony BMG/Wikimedia Commons; 135ar WGSN; 135b Laura Ashley; 135c Anton Oparin/123RF.com;
136al photo Agnes Lloyd Platt for Ally Capellino; 136ar Eamonn McCormack/ Getty Images; 136b Randy Brooke/ Getty Images for Kanye West Yeezy;
137ac Native Union; 137l Olycom SPA/REX/Shutterstock; 137ar Kia Utzon Frank, photo Owen Silverwood; 137br Grace Humphries, @ nailedbygrace, nailedbygrace.Tumblr.com;
138 courtesy Helen Job;
139l BRICK magazine, @brickthemag, brickthemagazine.com, photo of ScHoolboy Q by Alexandra Leese; 139r BRICK magazine, photo of Wiz Khalifa by Neil Bedford;
140 Land Rover;
141al UPPA/Photoshot; 141ar Bettman/Getty Images; 141b Archive Photos/Metro-Goldwyn-Mayer/Getty Images;
142 H&M Hennes & Mauritz, hm.com; 142 Lucas Hugh, LucasHugh.com; 143 Onzie, @onzie, www.onzie.com;
145 © Stylus Media Group 2016.

译后记
Postscript

趋势预测是时尚的灵魂与希望。因为时尚的周期性，趋势预测成为时尚产品生命延续的核心要素。从社会层面看，时尚是一个意义系统，是一种观念、价值观。时尚趋势与时代理念、时代精神紧密契合。对时代潮流的捕捉、提前预知与其在设计中的呈现，为时尚产品创造了生机。时尚潮流兼容过去、现代与未来，将设计、艺术和时代精神有机整合，建构时尚潮流的认知与认同。本书深入浅出、图文并茂、案例丰富，从理论和实践多个维度解析时尚趋势预测，对设计师、时尚品牌运营者和传播者来说具有一定的启发性。

有幸受中国纺织出版社有限公司邀请，为该书进行翻译。该书译者分别为北京服装学院赵春华教授、钱婧曦讲师和周易军副教授。其中，特别感谢周易军副教授担任了该书主要的统稿工作，北京服装学院中外服饰文化研究中心主任郭平建教授担任该书的总审校。另外，北京服装学院17级硕士研究生刘一鸣参与了该书的部分初稿工作。该书的出版得到了“北京市教委社科项目”（编号：SM201810012003），“北京市属高等学校高层次人才引进与培养计划项目”（编号：RCQJ02140206/004）、“北京服装学院高水平教师队伍建设”专项资金（编号：BIFTTD201803）的支持，还得到了北京服装学院党委领导和校领导，以及北京服装学院时尚传播学院领导和北京服装学院时尚传播研究中心的支持。

“他山之石，可以攻玉”。时尚品牌传播的实践与研究进程，既兼容并蓄，又守正出奇；既把握机遇，又能迎接挑战，也许会为我们创造更多的成功机会。

很荣幸在时尚传播研究的道路上，能够得到各位专家的支持，能与各位同仁共勉！

赵春华

于北京服装学院

2019年11月1日